新编21世纪高等职业教育精品教材 电子与信息类

数据库应用实战教程（MySQL版）

主　编／赵　丽　刘　芳　杨俊叶
副主编／田雪琴　王　丽　宋子哲　刘　佳
参　编／王　娟　梁　琨　侯增起　杨晓宇
宿　佩　张　越　蒲龙君

中国人民大学出版社
·北京·

图书在版编目（CIP）数据

数据库应用实战教程：MySQL 版 / 赵丽，刘芳，杨俊叶主编. -- 北京 : 中国人民大学出版社，2023.11
新编 21 世纪高等职业教育精品教材. 电子与信息类
ISBN 978-7-300-32287-2

Ⅰ. ①数… Ⅱ. ①赵… ②刘… ③杨… Ⅲ. ① SQL 语言－数据库管理系统－高等职业教育－教材 Ⅳ. ① TP311.132.3

中国国家版本馆 CIP 数据核字（2023）第 210764 号

新编 21 世纪高等职业教育精品教材 · 电子与信息类
数据库应用实战教程（MySQL 版）
主　编　赵　丽　刘　芳　杨俊叶
副主编　田雪琴　王　丽　宋子哲　刘　佳
参　编　王　娟　梁　琨　侯增起　杨晓宇　宿　佩　张　越　蒲龙君
Shujuku Yingyong Shizhan Jiaocheng (MySQL Ban)

出版发行	中国人民大学出版社		
社　　址	北京中关村大街 31 号	**邮政编码**	100080
电　　话	010－62511242（总编室）		010－62511770（质管部）
	010－82501766（邮购部）		010－62514148（门市部）
	010－62515195（发行公司）		010－62515275（盗版举报）
网　　址	http://www.crup.com.cn		
经　　销	新华书店		
印　　刷	北京宏伟双华印刷有限公司		
开　　本	787 mm × 1092 mm　1/16	**版　　次**	2023 年 11 月第 1 版
印　　张	13.75	**印　　次**	2023 年 11 月第 1 次印刷
字　　数	306 000	**定　　价**	49.50 元

前言

党的二十大报告指出，教育、科技、人才是全面建设社会主义现代化国家的基础性、战略性支撑。教育是国之大计、党之大计。职业教育是我国教育体系的重要组成部分，肩负着“为党育人、为国育才”的神圣使命。本教材以习近平新时代中国特色社会主义思想为指导，深入贯彻落实党的二十大精神，将思想道德建设与专业素质培养融为一体，着力培养爱党爱国、敬业奉献，具有工匠精神的高素质技能人才。

数据库技术是计算机科学技术的一个重要分支，是现代信息科学与技术的重要组成部分，是计算机数据处理与信息处理的核心技术，也是计算机相关专业非常重要的专业基础课程。数据库的应用领域非常广泛，各行各业实施信息化都需要使用数据库。数据库与人们的学习、生活和工作密不可分。数据库管理、数据库应用系统开发等方面的人才需求呈上升趋势。

MySQL 作为小型关系型数据库管理系统，以其语言标准、运行速度快、性能卓越、易学易用、开放源代码等优势，获得许多中小型网站开发公司的青睐。为适应电子信息产业发展需要，我们结合高职院校学生的认知规律和能力水平，从教学实际出发，组织“双师型”骨干教师和企业工程师共同编写了这本适合在校学生和广大计算机爱好者使用的教材。

本教材的主要特色如下：

1. 学习贯彻党的二十大精神，着力推动人才建设

每个项目开始都设有“素养提升”栏目，从宏观层面适当地引入党的二十大报告相关内容，让学生对国家的宏观方针政策有更深刻的认识，使党的二十大精神与实际教学内容有机融合。

2. 基于职业岗位群选取教材内容

本教材基于计算机网络技术专业群的职业岗位群，以企业实战项目的开发过程为例，开展理论教学和任务实践，突出实用性和可操作性，既能培养学生的岗位技能，又能提

升他们的创新能力和核心竞争力，有利于学生的可持续发展。

3. 校企“双元”合作开发，双项目贯穿到底

本教材以项目为载体，通过任务驱动，在广泛征求高职院校授课教师意见的基础上，由石家庄理工职业学院具有丰富教学经验的一线教师和河北曜禹网络科技有限公司的技术人员联合编写而成。教材内容紧跟市场发展和企业需求变化，充分体现了现代高职教育的特色。本教材采用“双项目贯穿到底”的设计思路，先以“航空售票系统”的数据库设计、操作和管理为主线串联全部知识点，再通过“外卖订单系统”数据库来拓展，可帮助学生在巩固所学知识的同时拓展实战能力，有效提升基础知识，并引导学生加强基本技能的训练，拓宽眼界。

4. 数字资源丰富、实用

本教材配有精美的电子课件、完整的微视频、丰富的例题源代码以及示例数据库文件。

本教材的参考学时为 64 学时，建议采用理论和实践并重的模式开展教学。各项目的教学学时和实训学时分配见下表。

项目名称	教学学时	实训学时
项目 1　搭建数据库环境	4	4
项目 2　管理数据库和数据库表	2	2
项目 3　操作数据记录	2	2
项目 4　使用数据查询	6	6
项目 5　使用数据视图	4	4
项目 6　使用索引和建立数据完整性约束	4	4
项目 7　数据库编程	6	6
项目 8　数据库安全	4	4
学时合计	32	32

本教材由赵丽、刘芳、杨俊叶担任主编，田雪琴、王丽、宋子哲（河北曜禹网络科技有限公司工程师）、刘佳担任副主编，王娟、梁琨、侯增起、杨晓宇、宿佩、张越、蒲龙君参与了本教材的编写。石家庄铁道大学的王学军教授对本教材的编写提出了指导意见，屈玉阁博士从专业技术角度把关，石家庄邮电职业技术学院的孙青华教授审阅定稿。

由于时间仓促，加之编者水平有限，书中难免存在疏漏之处，恳请广大读者批评指正。

编者

目录

项目 1

搭建数据库环境

项目概述

数据库技术是计算机应用领域非常重要的技术，是现代信息系统的核心和基础，它的出现和应用极大地促进了计算机技术在各领域的渗透。

MySQL 是关系型数据库管理系统的重要产品之一，广泛应用于 Internet 的中小型网站上，强大的功能和卓越的运行性能使其成为企业级数据库产品的首选。

本项目将讲解数据库的基本概念、构成，以及安装与配置方法，为同学们深入学习数据库知识做好铺垫。

素养提升

党的二十大报告指出，教育、科技、人才是全面建设社会主义现代化国家的基础性、战略性支撑。必须坚持科技是第一生产力、人才是第一资源、创新是第一动力，深入实施科教兴国战略、人才强国战略、创新驱动发展战略，开辟发展新领域新赛道，不断塑造发展新动能新优势。

本项目通过介绍数据库技术的发展历程，使学生树立科技强国的理想信念，激发学生的爱国热情。

项目目标

知识目标

（1）了解数据库的基本概念。

（2）了解常见的关系型数据库管理系统。

（3）掌握在 Windows 环境下配置和操作 MySQL 的方法。

技能目标

（1）学会在 Windows 下安装 MySQL。

（2）学会配置 MySQL、启动 MySQL 服务、登录和退出 MySQL。

（3）学会 MySQL 常用图形界面管理工具的使用。

素质目标

通过本项目的学习，使学生理解课程的意义和数据库基本概念，构建对数据库课程的整体认识，培养学生不断学习、精益求精的工匠精神。

任务 1 认识数据库

1.1.1 数据库的基本概念

1. 数据（Data）

数据是用来记录信息的可识别符号，是信息的具体表现形式。在计算机中，数据是对现实世界的事物采用计算机能够识别、存储和处理的方式进行的描述，其具体表现形式可以是数字、文本、图像、音频、视频等。

2. 数据库（Database，DB）

数据库是用来存放数据的仓库。具体地说，就是按照一定的数据结构来组织、存储和管理数据的集合，具有较小的冗余度、较高的独立性和易扩展性、可供多用户共享等特点。

3. 数据库管理系统（Database Management System，DBMS）

数据库管理系统是操纵和管理数据库的软件，介于应用程序与操作系统之间，为应用程序提供访问数据库的方法，包括数据定义、数据操纵、数据库运行管理以及数据库建立与维护等。

当前流行的数据库管理系统包括 MySQL、Oracle、SQL Server、Sybase 等。

4. 数据库系统（Database System，DBS）

数据库系统是由软件、数据库和数据库管理员组成的。其软件主要包括操作系统、各种宿主语言、数据库应用程序以及数据库管理系统。数据库由数据库管理系统统一管理，数据的插入、修改和检索均要通过数据库管理系统进行，数据库管理系统是数据库系统的核心。数据库管理员负责创建、监控和维护整个数据库，使数据能被任何有权使用的人有效使用。

1.1.2 数据库技术的发展

数据库技术是因数据管理任务的需求而产生的；管理数据是数据库核心的任务；数据处理是指对各种数据进行收集、加工、存储和传播的一系列活动的总和；数据管理则是对数据进行分类、组织、编码、存储、检索和维护，是数据处理的核心。

计算机的设计初衷是进行复杂的科学计算。随着计算机技术的快速发展，人们开始利用计算机进行数据管理。总体来说，数据管理技术的发展经历了人工管理阶段、文件系统阶段、数据库系统阶段。

任何技术都不会一成不变，它们会随着社会的发展而不断变化，尤其以计算机应用的更新换代最为显著。对于我们来说，学会学习比学会知识更重要，我们要培养保持自身可持续发展的能力，持续获取和运用知识的能力，与时俱进，与技术同步发展。

1. 人工管理阶段

人工管理阶段是指20世纪50年代中期以前。当时，计算机的软硬件技术均不完善，人们主要使用计算机进行科学计算。硬件方面，存储设备只有磁带、卡片和纸带，没有大容量的外存储器；软件方面，计算机还没有操作系统和管理数据的软件。人工管理阶段的数据处理方式是批处理，而且数据处理基本上依赖人工。人工管理阶段具有以下特点：

（1）数据不能长期保存，用完就删除。当时的计算机主要用于科学计算，并不需要长期保存数据，只需要在计算时输入数据，完成计算后就可以删除数据。

（2）数据的管理由应用程序完成。当时并没有相关的软件来管理数据，数据需要由应用程序自己来管理。应用程序不仅要“规定”数据的逻辑结构，还要“设计”数据的物理结构，如存储结构、存取方式等。

（3）数据面向应用程序，不能共享。数据是面向应用程序的，一组数据只能对应一个应用程序。当多个应用程序涉及某些相同的数据时，必须各自定义数据，无法相互利用、相互参照，因此产生了大量的冗余数据。

（4）数据不独立。由于使用应用程序管理数据，因此当数据的逻辑结构或物理结构发生变化时，必须对应用程序做相应的修改。

2. 文件系统阶段

20世纪50年代后期到60年代中期，计算机软硬件技术迅速发展。硬件方面，计算机有了磁盘、磁鼓等可以直接存取数据的存储设备；软件方面，计算机操作系统中已经有了专门管理数据的软件，称为文件系统。同时，计算机的数据处理方式不仅有批处理，而且能够联机实时处理。在这个时期，计算机应用范围逐渐扩大，从科学计算领域发展到数据管理领域。文件系统阶段具有以下特点：

（1）数据可长期保存。由于计算机逐步被应用于数据管理领域，因此数据可以以文件的形式长期保存在外存储器上，以供应用程序进行查询、修改、插入、删除等操作。

（2）由文件系统管理数据。由专门的软件（即文件系统）管理数据。文件系统把数据组织成相互独立的数据文件，采用“按文件名访问、按记录存取”的方式对文件进行各种操作。文件系统提供存储方法并负责应用程序和数据之间的转换，使得应用程序与数据有了一定的独立性；程序员可以更专注于算法的设计而不必过多地考虑数据的物理结构，而且数据在存储结构上的改变不一定会反映到应用程序中，这在很大程度上减少了维护应用程序的工作量。

（3）数据共享性低、冗余度高。在文件系统中，文件仍然是面向应用程序的。当不同的应用程序具有部分相同的数据时，必须建立各自的文件，由于不能共享相同数据，导致数据的冗余度高。同时，这部分相同数据的重复存储和独立管理极易导致数据的不一致，给数据的修改和维护带来困难。

（4）数据独立性差。文件系统中的文件是为某一特定的应用程序服务的，数据和应用程序之间是相互依赖的关系，要想改变数据的逻辑结构就要相应地修改应用程序和文件结构的定义。用户对应用程序进行修改，也会引起文件结构的改变。因此数据和应用程序之间缺乏独立性，文件系统并不能完全反映客观世界事物之间的内在联系。

3. 数据库系统阶段

20 世纪 60 年代后期以来，随着计算机性能的日益提高，其应用领域逐步扩大，数据量急速增长，与此同时，多种应用、多种语言互相交叉地共享数据集合的要求也越来越多。这一时期，计算机硬件技术得到快速发展，大容量磁盘、磁盘阵列等基本的数据存储技术日趋成熟并投入使用，且设备价格不断下降；而在软件方面，编制和维护系统软件及应用程序所需的成本却在不断增加；在数据处理方式上，联机实时处理需求增多，人们开始考虑采用分布式处理方式。以上种种原因导致将文件系统作为数据管理手段已经不能满足实际应用的需求。为了满足实际应用中多个用户、多个应用程序共享数据的要求，使数据能够为尽可能多的应用程序服务，数据管理技术应运而生。数据库的特点是数据不再只针对某一个特定的应用程序，而是面向整个系统，共享性高、冗余度低，应用程序与数据具有一定的独立性，由数据库对数据进行统一控制。数据库系统阶段具有以下特点：

（1）数据结构化。在描述数据时不仅要描述数据本身，还要描述数据之间的联系。数据结构化是数据库的主要特征之一，也是数据库系统与文件系统的本质区别。

（2）数据共享性高、冗余度低且易扩充。数据不再只针对某一个应用程序，而是面向整个系统，数据可被多个用户和多个应用程序共享，而且可以轻易地增加新的应用程序来共享数据。数据共享可大大减少数据冗余并节省存储空间，并能更好地保证数据的安全性和完整性。

（3）数据独立性高。应用程序与数据库中的数据相互独立，数据的定义从应用程序中分离出去，数据的存取由数据库管理系统负责，从而简化了应用程序的编写，大大减少了应用程序的维护和修改成本。

（4）数据由数据库管理系统统一管理和控制。数据库为多个用户和应用程序所共享，对数据库中数据的存取很多时候是并发的，即多个用户可以同时存取数据库中的数据，甚至可以同时存取数据库中的同一个数据。

为确保数据库中的数据的正确性、有效性和数据库系统的有效运行，数据库管理系统提供了以下数据控制功能。

（1）数据安全性控制。防止因不合法使用而造成数据的泄露和破坏，保证数据的安全性和机密性。

（2）数据完整性控制。数据库管理系统通过设置一些完整性规则，确保数据的正确性、有效性和相容性。

（3）并发控制。当多个用户同时存取、修改数据库中的数据时，可能由于相互干扰而导致部分用户获得了不正确的数据，并使数据库遭到破坏，因此必须对多用户的并发操作加以控制和协调。

（4）数据恢复。当数据库被破坏或数据不可靠时，数据库管理系统有能力将数据库从错误状态恢复到近期某一时刻的正确状态。

1.1.3 常见的关系型数据库管理系统

数据库管理系统产品有很多种，市场上比较流行的主要是 Oracle、Microsoft、IBM 和 MySQL AB 等公司的产品。

1. Oracle

Oracle 是由 Oracle 公司开发的一种关系数据库管理系统（Relational DataBase Management System，RDBMS），其技术在数据库领域一直处于领先地位。Oracle 产品系列齐全，几乎适用于所有应用领域，具有大型、完善、安全，可支持多个实例同时运行的特点。Oracle 能在绝大多数主流平台上运行，支持大多数工业标准，采用完全开放策略，可以帮助用户选择合适的解决方案，对开发商给予全力支持。可以说，Oracle 是目前世界上使用最广泛的关系数据库管理系统之一，大型企业多会选择 Oracle 作为后台数据库来处理海量数据。

2. SQL Server

SQL Server 是由 Microsoft 公司开发的一种大型关系数据库管理系统，具有使用方便、可伸缩性好、与相关软件集成度高等优点，可为用户提供安全、可靠、易管理的高端客户机 / 服务器数据库平台，目前广泛应用于电子商务、银行、保险等领域。它最初是由 Microsoft、Sybase 和 Ashton-Tate 这 3 家公司共同开发的，1988 年推出了 OS/2 版本。在 Windows NT 系统推出后，Microsoft 与 Sybase 公司在 SQL Server 的开发上正式分开：Microsoft 公司将 SQL Server 移植到 Windows NT 系统上，专注于开发和推广 SQL Server 的 Windows NT 版本；Sybase 公司则专注于 SQL Server 在 UNIX 操作系统上的应用。

3. MySQL

MySQL 是一种关系数据库管理系统，由瑞典的 MySQL AB 公司开发，目前属于 Oracle 公司旗下的产品。在 Web 应用方面，MySQL 是一款非常好的关系数据库管理系统。MySQL 具有跨平台优势，它不仅可以在 Windows 平台上使用，还可以在 UNIX、Linux 和 macOS 等平台上使用。中小型企业通常会选择 MySQL 作为网站后台数据库。

4. DB2

DB2 是由 IBM 公司开发的一种关系数据库管理系统，它主要运行在 UNIX、Linux、Windows 及 IBM（旧称 OS/400）等平台上。

DB2 主要应用于大型应用系统，具有较好的可伸缩性，支持从大型机到单用户等多种环境，可应用于所有常见的服务器平台。DB2 支持标准的结构化查询语言（Structure Query Language，SQL），并且提供了高层次的数据完整性、安全性、可恢复性，以及从小规模应用程序到大规模应用程序的执行能力，适用于海量数据的存储。DB2 的查询优化器功能强大，其外部连接改善了查询性能，支持多任务并行查询。DB2 具有很好的网络支持能力，每个子系统可以连接十几万个分布式用户，可同时激活上千个活动线程，这对大型分布式应用系统尤为适用。但相对于其他数据库管理系统，DB2 的操作比较复杂。

5. Access

Access 是由 Microsoft 公司开发的一种关系数据库管理系统，是目前最流行的关系数据库管理系统之一。Access 的核心是 Microsoft Jet 数据库引擎，Access 是一个把数据库引擎的图形用户界面和软件开发工具结合在一起的数据库管理系统。

Access 可以满足小型企业客户机 / 服务器解决方案的要求，是一种功能较完备的系统，它几乎包含数据库领域的所有技术和内容。用户可以利用它创建、修改和维护数据库及数据库中的数据，还可以利用向导来完成对数据库的一系列操作。

6. SQLite

SQLite是一种轻型数据库管理系统，它是遵守ACID（数据库事务正确执行的4个特性）原则的关系数据库管理系统，包含在一个相对小的c库中。它的设计目标是嵌入式的，而且目前已经应用在很多嵌入式产品中，它占用资源非常少，能够支持Windows、Linux、UNIX等主流操作系统，同时能够与很多编程语言相结合。

1.1.4 结构化查询语言

关系数据库的标准语言是SQL（Structured Query Language，结构化查询语言）。SQL语言是用于关系数据库查询的结构化语言，最早由Boyce和Chambedin在1974年提出，称为SEQUEL语言。1976年，IBM公司的San Jose研究所在研制关系数据库管理系统System R时将其修改为SEQUEL2，即目前的SQL语言。

SQL语言集数据查询（data query）、数据操纵（data manipulation）、数据定义（data definition）和数据控制（data control）功能于一体，充分体现了关系数据语言的特点。

1. 综合统一

SQL语言集数据定义语言DDL、数据操纵语言DML和数据控制语言DCL的功能于一体，语言风格统一，可以独立完成数据库生命周期中的全部活动，包括定义关系模式、输入数据，以及建立数据库、查询、更新、维护、数据库重构、数据库安全性控制等一系列操作要求，这就为数据库应用系统开发提供了良好的环境，如用户在数据库投入运行后，还可根据需要随时修改模式，且不影响数据库的运行，从而使系统具有良好的可扩充性。

2. 高度非过程化

非关系数据模型的数据操纵语言是面向过程的语言，用其完成某项请求时，必须指定存取路径。而用SQL语言进行数据操作时，用户只需提出“做什么”，而不必指明“怎么做”，因此用户无须了解存取路径，存取路径的选择以及SQL语句的操作过程由系统自动完成。这不但大大减轻了用户负担，而且有利于提高数据独立性。

3. 面向集合的操作方式

SQL语言采用集合操作方式，不仅查找结果可以是元组的集合，而且插入、删除、更新等操作的对象也可以是元组的集合。非关系数据模型采用的是面向记录的操作方式，操作的对象是记录。例如，查询所有平均成绩在80分以上的学生姓名时，用户必须说明完成该请求的具体处理过程，即如何用循环结构按照某条路径一条一条地把满足条件的学生记录读出来。

4. 以同一种语法结构提供两种使用方式

SQL语言既是自含式语言，又是嵌入式语言。作为自含式语言，它能够独立地用于联机交互应用方式，用户可以在终端键盘上直接输入SQL命令对数据库进行操作。作为嵌入式语言，SQL语句能够嵌入高级语言（如C语言、PB）程序，供程序员在设计程序时使用。而在两种不同的使用方式下，SQL语言的语法结构基本上是一致的。这种以统一的语法结构提供两种不同的使用方式的模式，为用户提供了极大的灵活性与方便性。

5. 语言简洁，易学易用

虽然 SQL 语言的功能很强，但是完成其核心功能只需要 6 个命令，分别是 SELECT、CREATE、INSERT、UPDATE、DELETE 和 GRANT（REVOKE）。另外，SQL 语言也非常简单，很接近英语自然语言，容易学习和掌握。SQL 语言目前已成为应用最广的关系数据库语言之一。

任务 2 安装和配置数据库

如果想要使用 MySQL 来存储和管理数据库，首先需要安装并配置 MySQL 数据库。本任务主要讲解 MySQL 数据库的安装与配置方法。

1.2.1 MySQL 概述

MySQL 是一个关系数据库管理系统，在 Web 应用方面，MySQL 是最好的 RDBMS（Relational Database Management System，关系数据库管理系统）应用软件之一。关系数据库将数据保存在不同的表中，而不是将所有数据放在一个大仓库内，这样就提高了速度和灵活性。MySQL 使用的 SQL 语言是用于访问数据库的最常用的标准化语言。MySQL 软件采用双授权政策，分为社区版和商业版，由于其具有体积小、速度快、总体拥有成本低，尤其是开放源码等特点，因此一般中小型和大型网站的开发都选择 MySQL 作为网站数据库。其主要特点如下：

1. 运行速度快

运行速度快是 MySQL 的显著特性。

2. 轻量级

MySQL 的核心程序完全采用多线程编程，这些线程都是轻量级进程，在灵活地为用户提供服务的同时，又不会占用过多的系统资源。因此，MySQL 能够更快速、高效地处理数据。

3. 可移植性好

MySQL 支持超过 20 种开发平台，包括 Linux、Windows、FreeBSD、IBM AIX、HP-UX、Mac OS、OpenBSD、Solaris 等，这使得用户可以选择多种平台实现自己的应用，另外，在一个平台上开发的应用系统可以很容易地在各种平台之间移植。

4. 开放源代码

MySQL 最强大的优势之一在于它是一个开放源代码的数据库管理系统。开源的特点是给予了用户根据自己需要修改 DBMS 的自由。MySQL 采用了 General Public License，这意味着授予用户阅读、修改和优化源代码的权利。

5. 具有强大的数据保护功能

MySQL 具有灵活和安全的权限和密码系统，允许基于主机的验证。连接到服务器时，所有的密码传输均采用加密形式，同时提供 SSH 和 SSI 支持，以实现安全可靠的连接。

6. 支持查询语言

MySQL 不仅可以利用 SQL，还可以利用支持 ODBC（开放式数据库连接）的应用程序。

7. 提供多种存储器引擎

MySQL 中提供了多种数据库存储引擎，这些引擎各有所长，适用于不同的应用场合，用户可以选择合适的引擎已获得更高的性能。

8. 支持大型数据库

InnoDB 存储引擎将 InnoDB 表保存在一个表空间内，该表空间可由数个文件创建。这样，表的大小就能超过单独文件的最大容量。表空间还可以包括原始磁盘分区，从而构建更大的表，最大容量可以达到 64TB。

1.2.2　安装和配置数据库

1－1　MySQL数据库的安装和配置

因为 MySQL 可在多种操作系统下运行，所以下载 MySQL 时，需要先了解自己使用的是什么操作系统，然后根据操作系统来下载相应的 MySQL。本教材以 Windows 操作系统为例进行 MySQL 的安装与配置。

1. 下载 MySQL 8.0

（1）下载 MySQL 8.0 版本，其官网地址为 https://dev.mysql.com/downloads/mysql/，选择与本地的操作系统兼容的版本。MySQL 提供了两种版本：一种是小巧版的 MySQL Installer，另一种是基于 zip 包的解压版。建议用户选择 MySQL Installer，因为它可以根据用户的需要安装必要的软件库和组件。单击“Go to Download Page”进入 MySQL Installer 版下载界面，如图 1－1 所示。

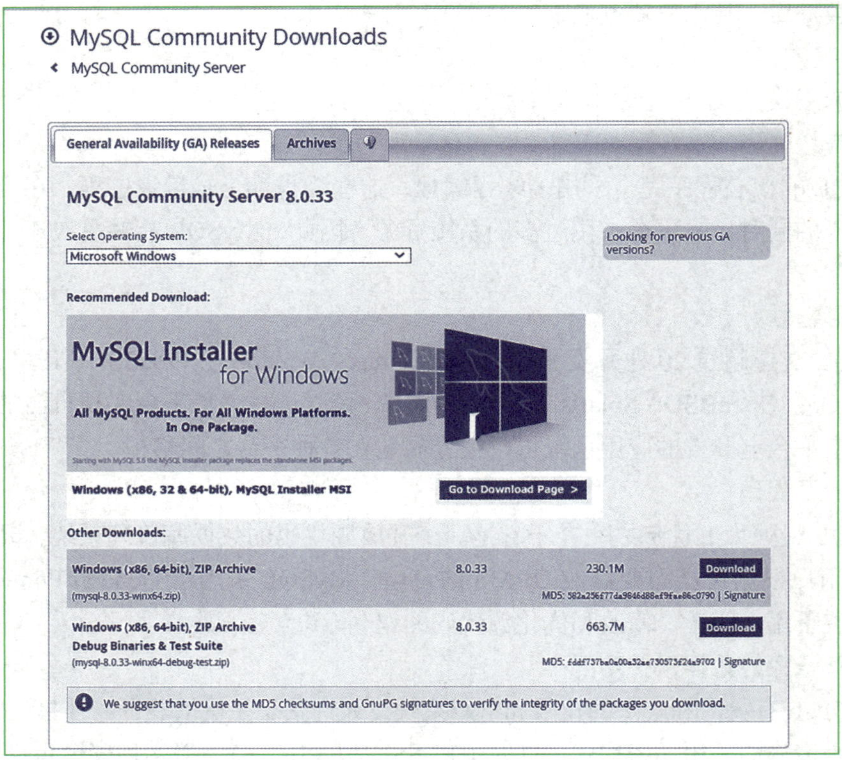

图 1－1　下载界面

（2）如图 1－2 所示，单击第 2 个“Download”按钮下载 MySQL Installer 离线安装版。

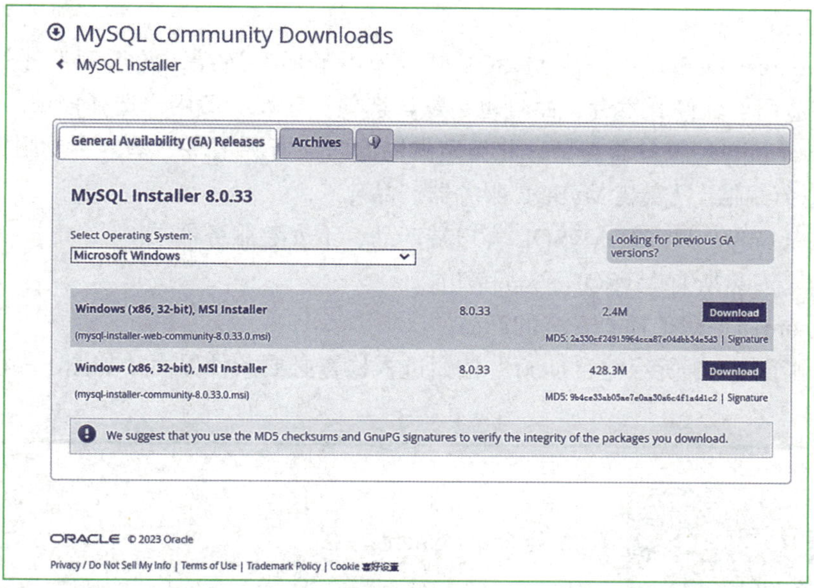

图 1－2　下载 MySQL Installer 离线安装版

2. 安装与配置 MySQL 数据库

（1）双击下载的 MySQL 8.0 安装文件，打开 MySQL 的安装向导，进入选择安装类型界面，如图 1－3 所示。

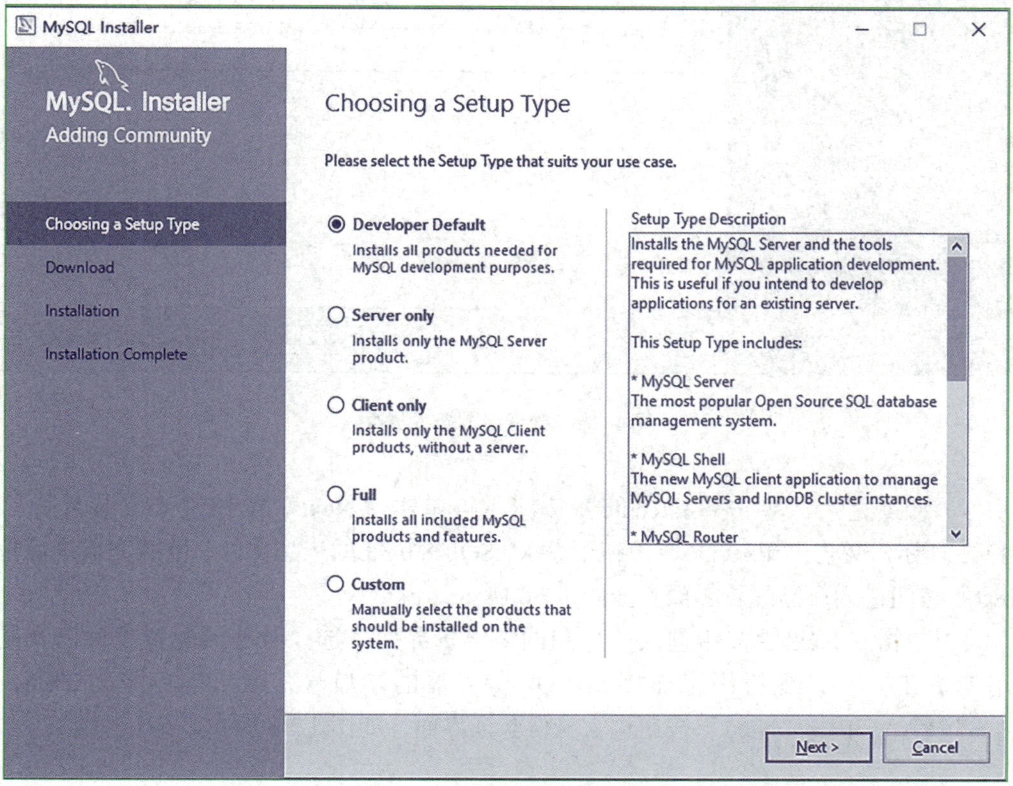

图 1－3　选择安装类型界面

选项说明如下：

1）Developer Default：安装 MySQL 开发所需的所有产品，此类型消耗的内存资源最少，主要适用于软件开发者，而且也是默认选项，建议一般用户选择该项。

2）Server only：服务器类型，此类型占用的内存资源稍多一些，主要用作服务器的机器可以选择该项，只安装 MySQL 服务器产品。

3）Client only：只安装 MySQL 客户端产品，不安装服务器端。

4）Full：安装所有 MySQL 产品和功能。

5）Custom：手动选择要安装的产品。

（2）单击图 1－3 所示的“Next”按钮进入检查必要条件界面，如图 1－4 所示。

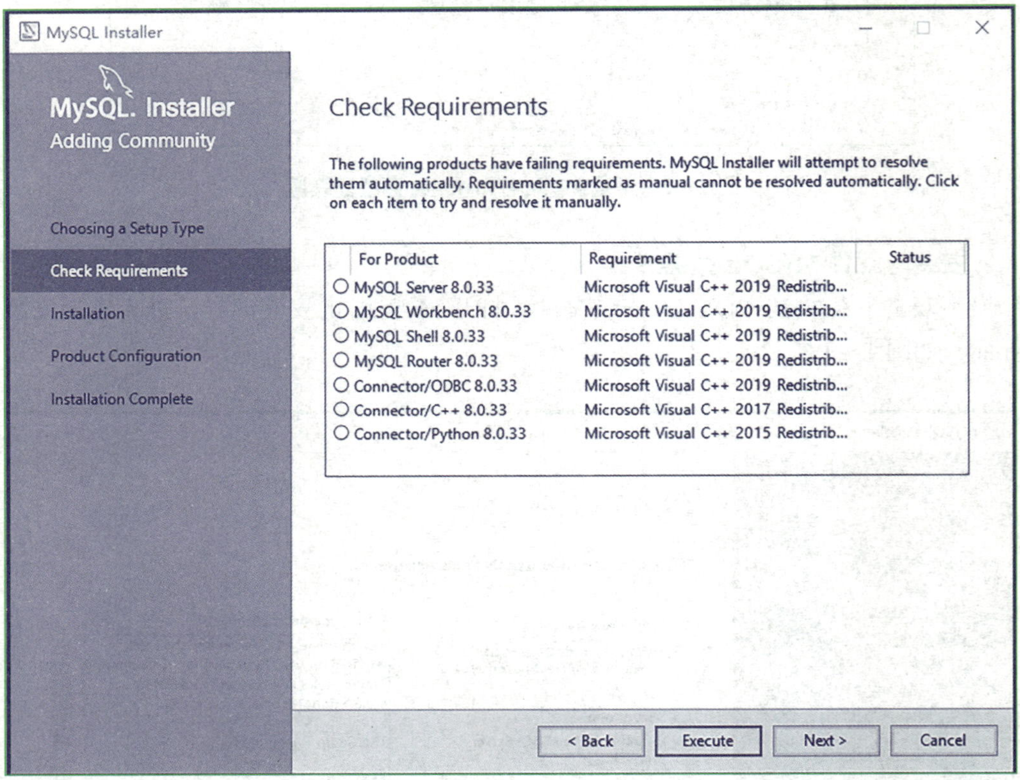

图 1－4　检查必要条件界面

（3）检查之后，单击“Execute”按钮，再单击“Next”按钮进入安装界面，如图 1－5 所示。单击“Execute”按钮下载 MySQL 8.0.33 的产品文件，下载完成之后单击“Next”按钮进入产品配置界面，如图 1－6 所示。

（4）单击“Next”按钮进入类型和网络设置界面，选择服务器配置类型以及是否启用 TCP/IP 连接，配置用来连接 MySQL 服务器的端口号，默认端口号为 3306，如图 1－7 所示。单击“Next”按钮进入身份验证界面，如图 1－8 所示。

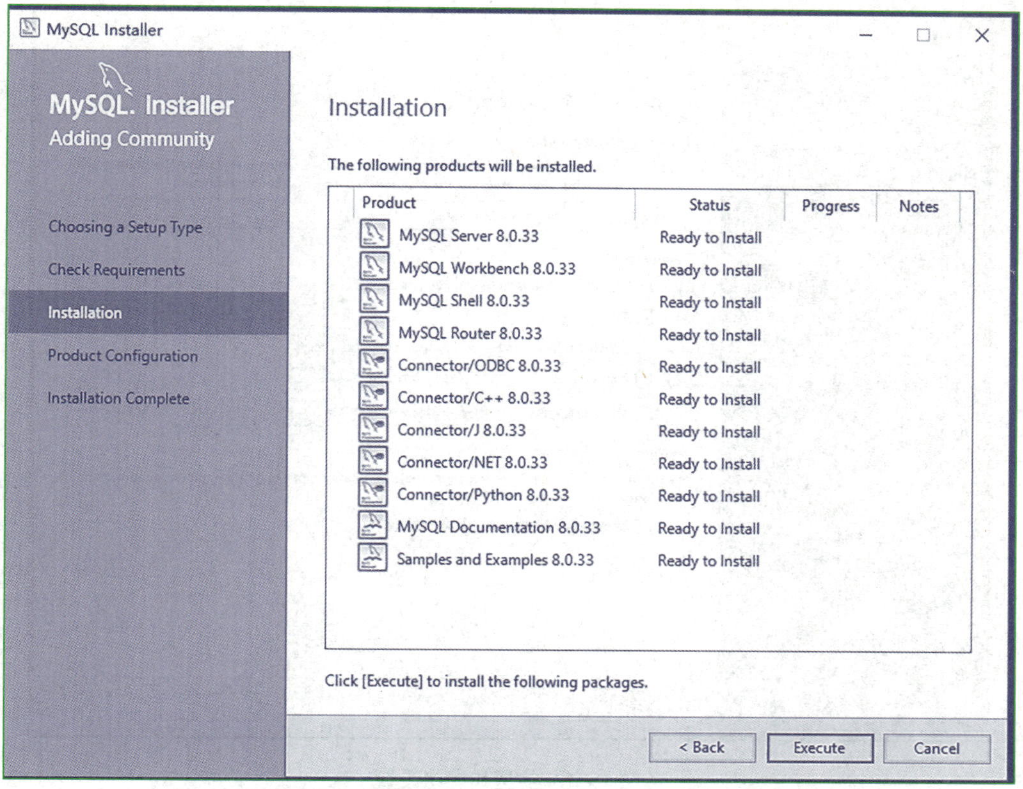

图 1-5　安装界面

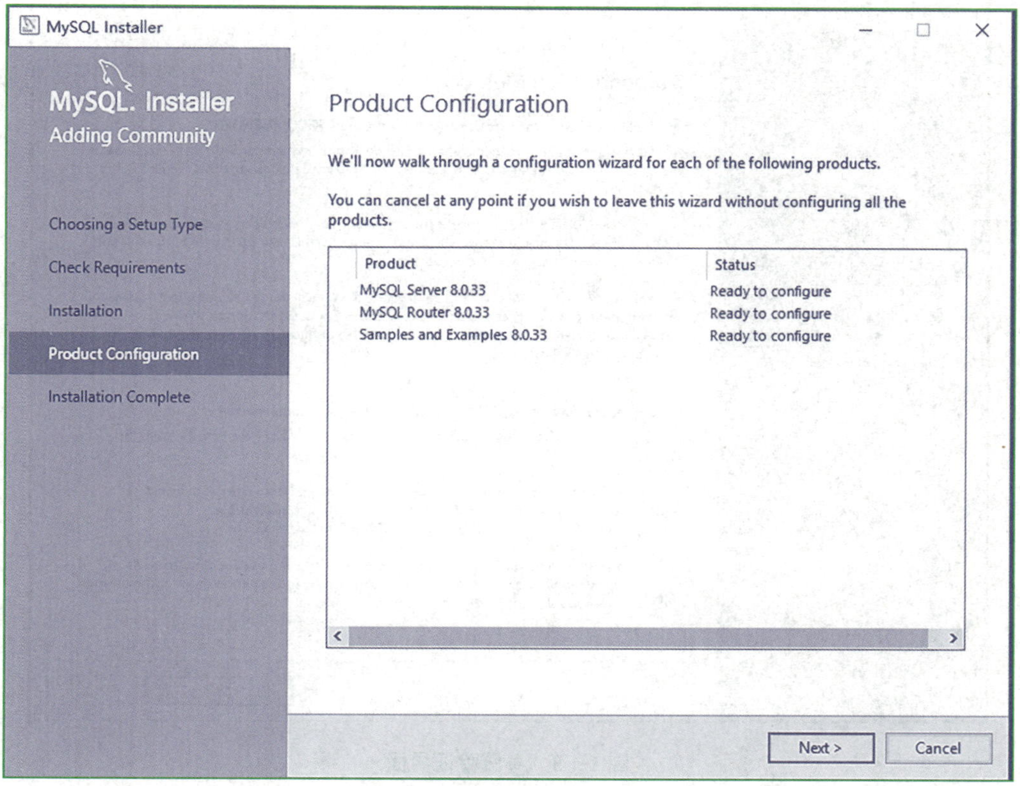

图 1-6　产品配置界面

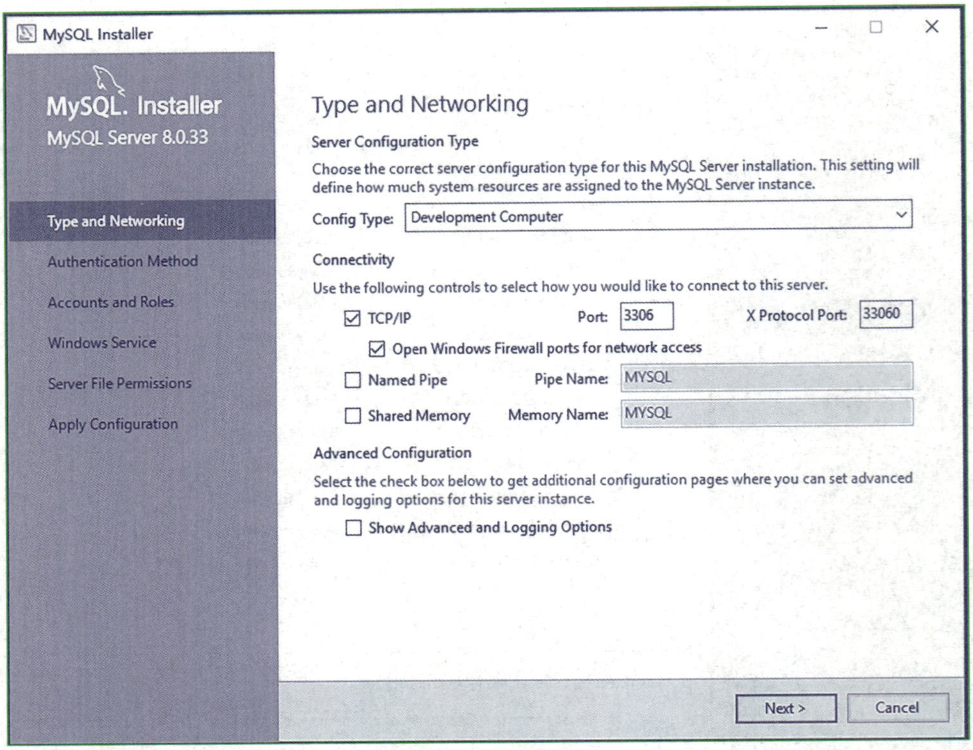

图 1－7　类型和网络设置

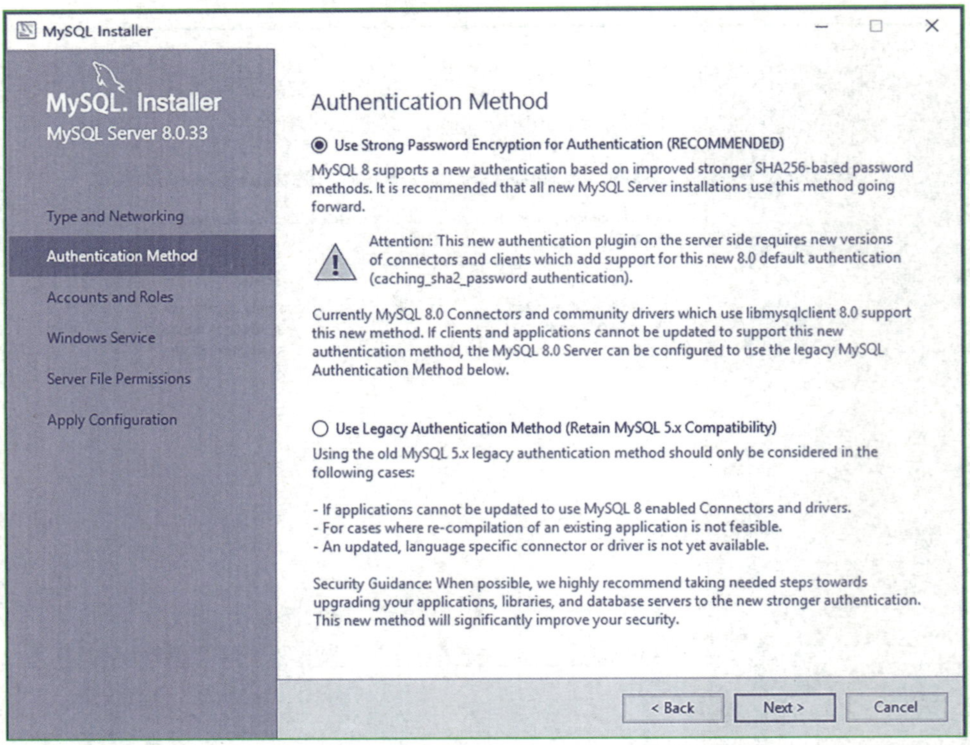

图 1－8　身份验证界面

身份验证方式如下：

1）Use Strong Password Encryption for Authentication：推荐的验证方法，使用强密码加密进行身份验证，MySQL 8.0 支持改进的、更强的、基于 SHA256 密码形式的新身份验证方式。建议所有新安装的 MySQL 服务器都使用该方式。

2）Use Legacy Authentication Method：保留了 MySQL 5.x 兼容性，使用旧身份验证方式，只有遇到以下情况才考虑使用 MySQL 5.x 遗留身份验证方式：应用程序无法更新为使用 MySQL 8.0 的连接器和驱动程序；重新编译现有应用程序不可行的情况；尚未提供更新的、语言特定的连接器或驱动程序。

（5）选择强密码加密方式进行身份验证，然后单击“Next”按钮进入账号与角色配置界面，如图 1-9 所示，在该界面可以设置是否要修改 root 用户（超级管理员）的密码，如将密码设置为“root”；还可以设定是否添加用户、用户的名称、主机名以及角色。

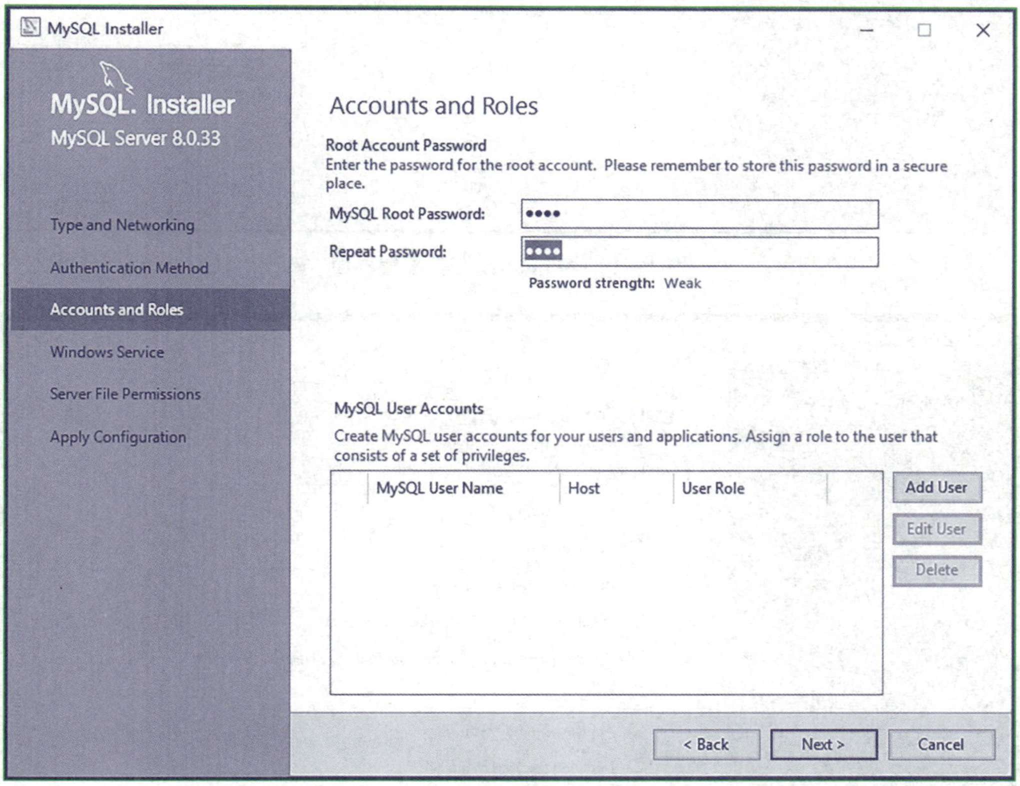

图 1-9 账号与角色配置界面

（6）输入密码之后，单击“Next”按钮进入 Windows 服务配置界面，如图 1-10 所示，在该界面可以设置 Windows 服务名，默认为 MySQL80，单击“Next”按钮进入服务器文件重传界面，单击“Next”按钮进入应用配置界面，如图 1-11 所示。

（7）单击“Execute”按钮，配置向导执行一系列配置任务，配置完成后单击“Finish”按钮，进入 MySQL 路由设置界面，可看到一系列路由配置信息，如图 1-12 所示。

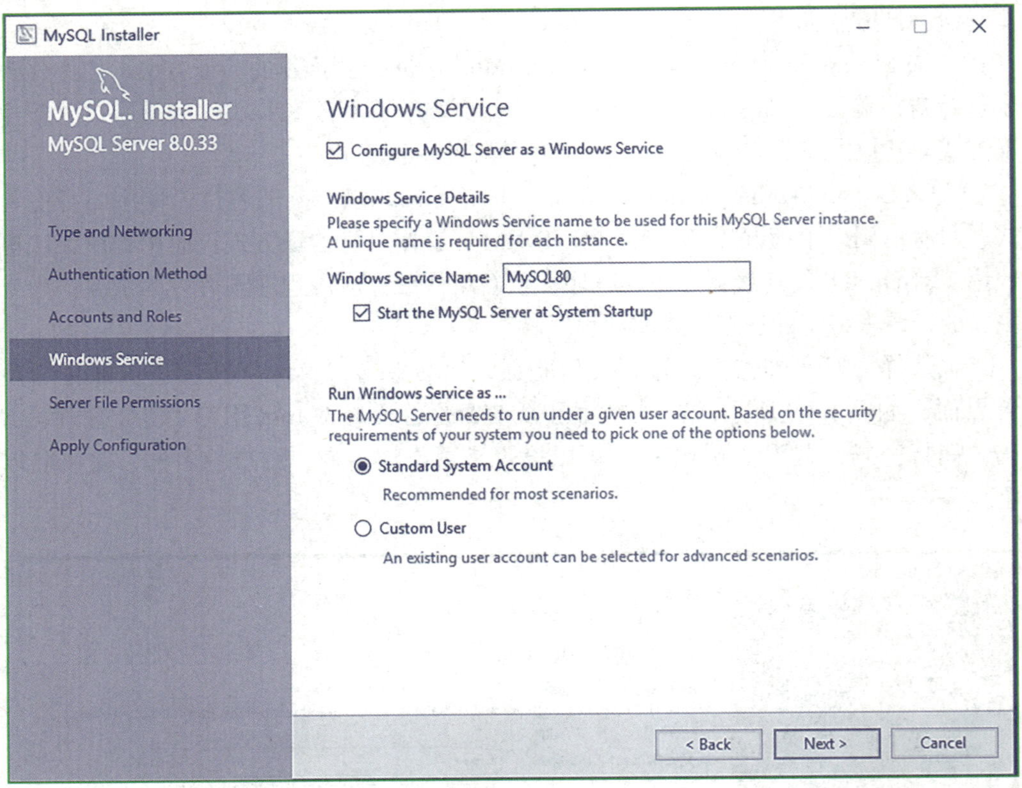

图 1－10　Windows 服务配置界面

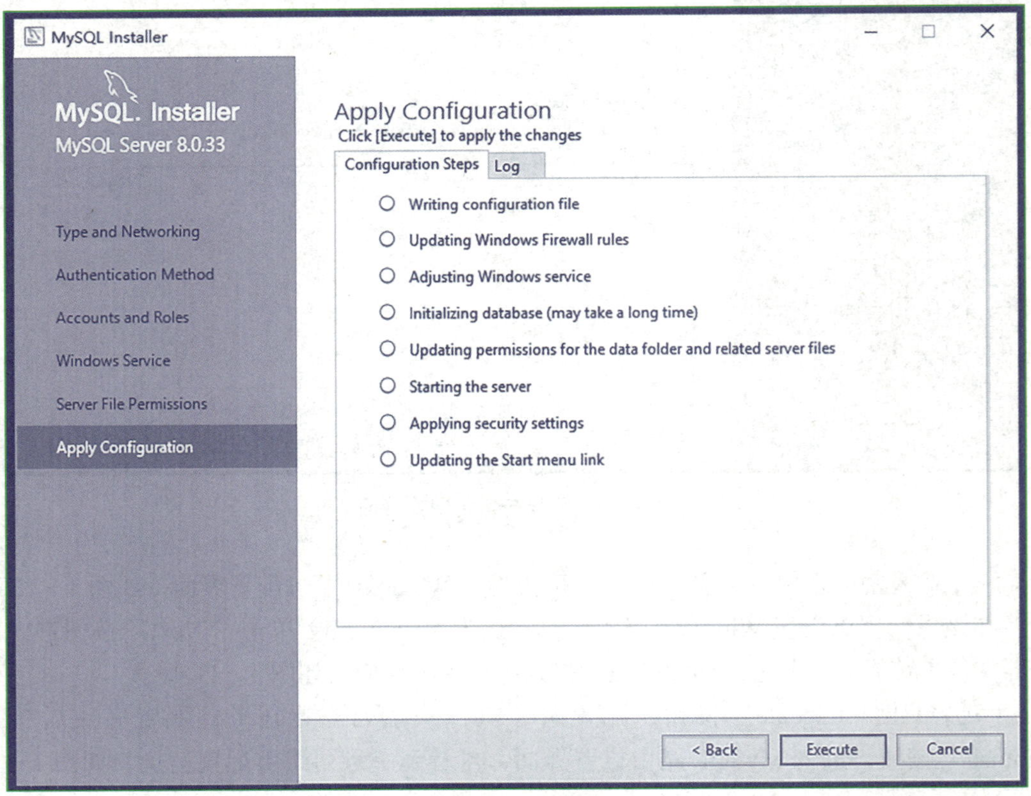

图 1－11　应用配置界面

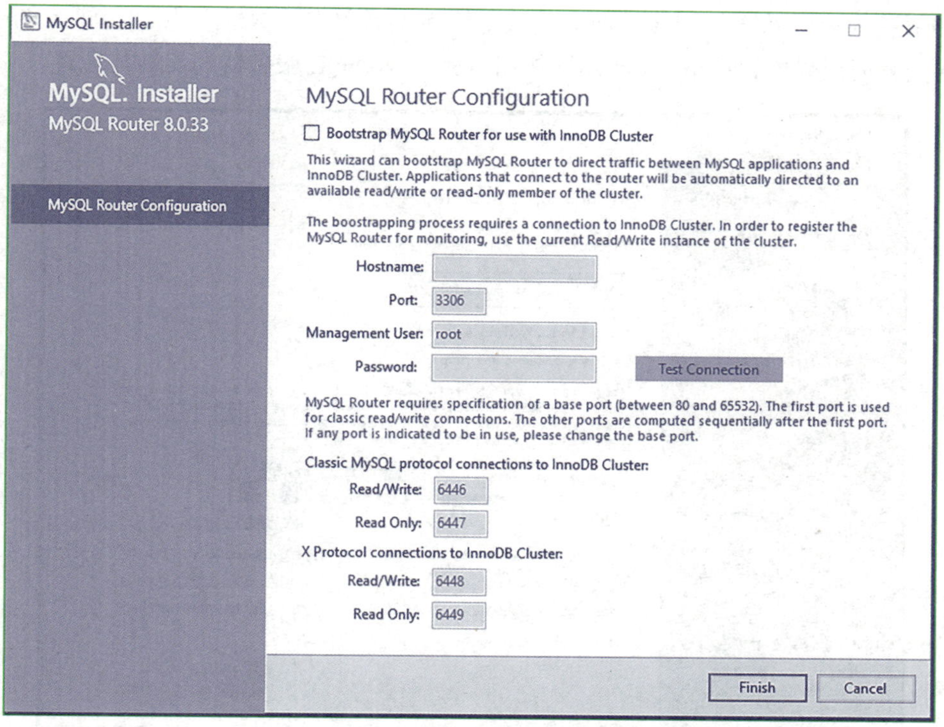

图 1－12　MySQL 路由设置界面

（8）确认路由配置无误后单击“Finish”按钮，进入连接到服务器界面，如图 1－13 所示，输入密码后单击“Check”按钮，若密码输入无误，则可以连接到 MySQL 服务器。

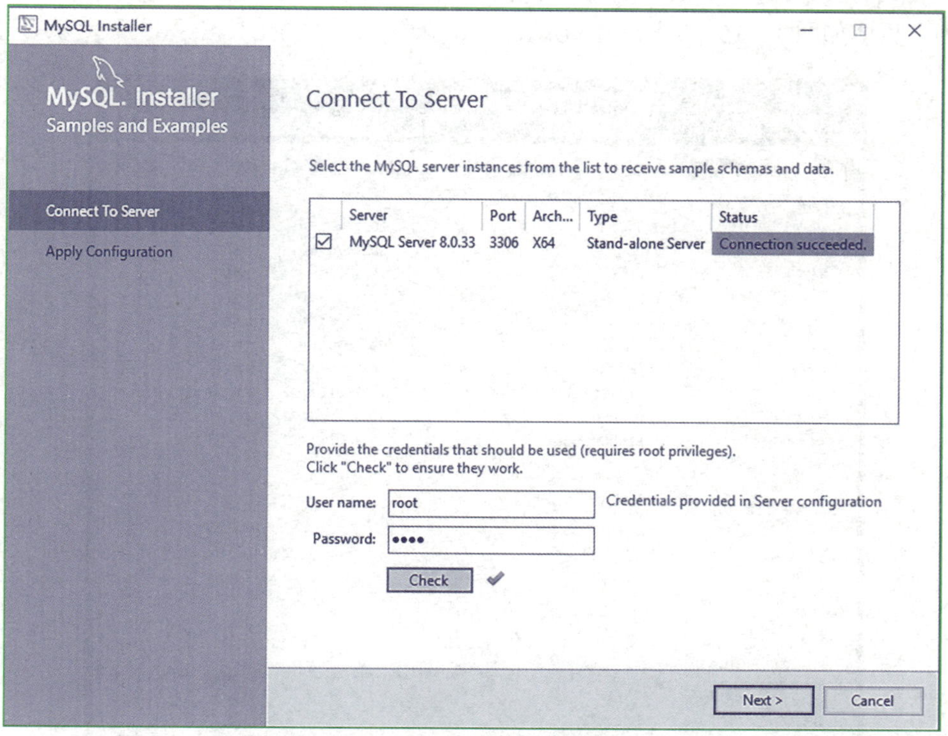

图 1－13　连接到服务器界面

（9）进入应用及产品配置界面，确认配置无误后单击“Next”按钮，进入图 1－14 所示的安装完成界面，单击“Finish”按钮，完成 MySQL 服务器的安装与配置。

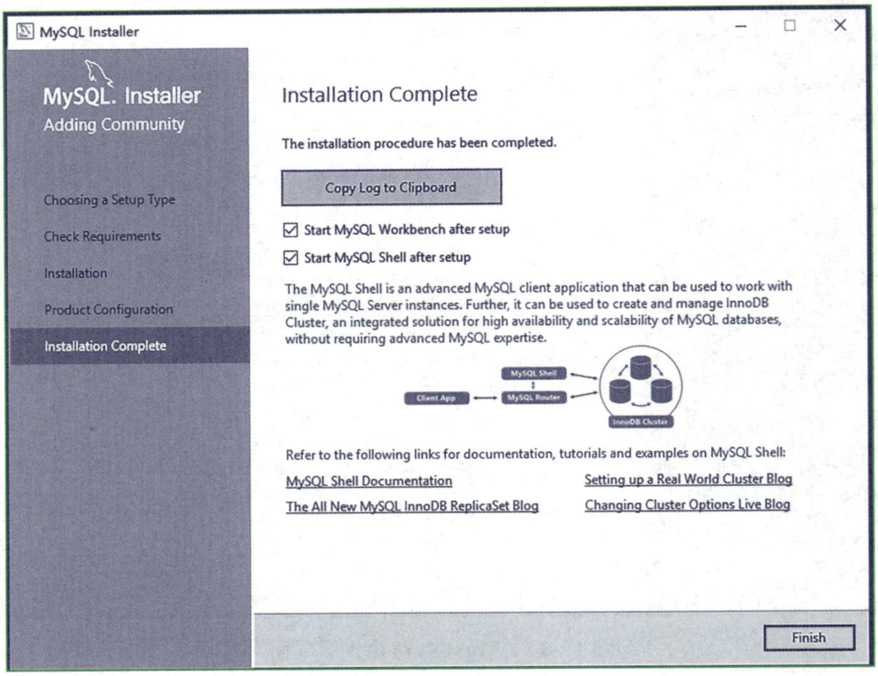

图 1－14　安装完成界面

3. 安装后的目录结构

安装成功后，MySQL 的安装目录中会出现启动文件、配置文件、数据库文件和命令文件等，具体如图 1－15 和图 1－16 所示。

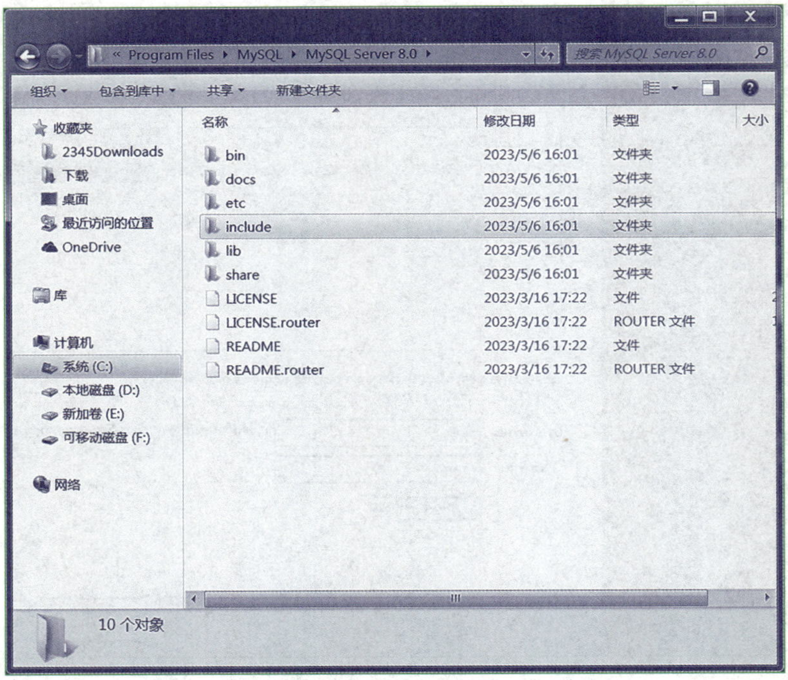

图 1－15　MySQL 程序目录结构

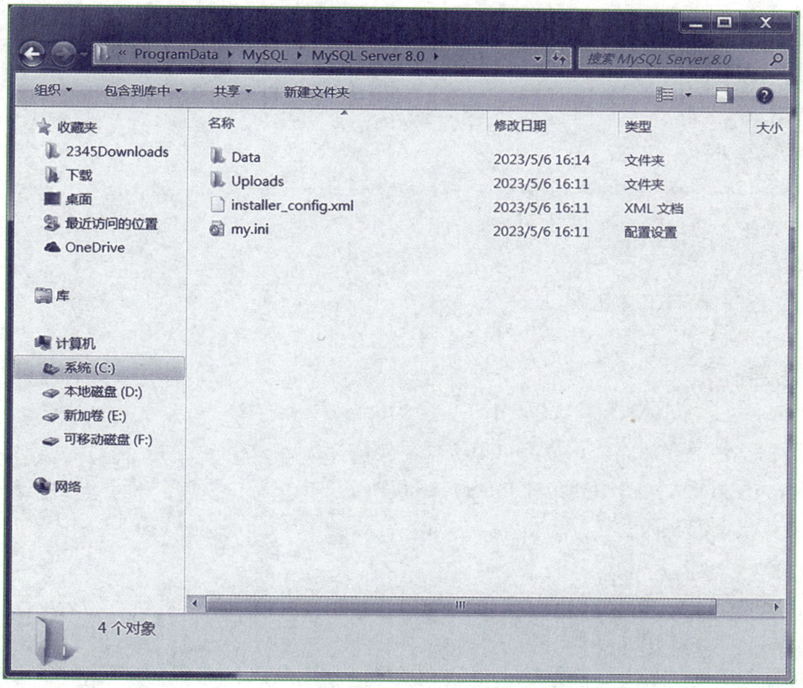

图 1-16　MySQL 数据目录结构

主要文件夹或文件说明如下：

（1）bin 文件夹：用于存放可执行文件，如 mysql.exe、mysqld.exe 等。

（2）docs 文件夹：用于存放一些文档。

（3）include 文件夹：用于存放头文件，如 mysql.h、mysqld_ername.h 等。

（4）lib 文件夹：用于存放库文件。

（5）share 文件夹：用于存放字符集、语言等信息。

（6）data 文件夹：用于存放日志文件以及数据库。

（7）my.ini：MySQL 数据库中使用的配置文件。

1.2.3　更改 MySQL 的配置

MySQL 数据库管理系统安装成功后，可以根据实际需要更改配置信息。通常，更改配置信息的方式有两种：一种是通过启动 bin 文件夹下的 MySQLInstanceConfig.exe 文件，重新打开配置向导；另一种是通过修改安装目录下的 my.ini 文件，以记事本方式打开 my.ini。主要配置信息如下：

```
# MySQL 服务器实例配置文件
# 客户端参数配置
# CLIENT SECTION
# ----------------------------------------------------------------------------------
# 数据库连接端口，默认为 3306
[client]
port=3306
[mysql]
```

```
# 客户端默认字符集
default-character-set=utf8
# 服务器参数配置
# SERVER SECTION
# -------------------------------------------------------------------------------
[mysqld]
# 服务器参数配置
# MySQL 服务程序 TCP/IP 监听端口，默认为 3306
port=3306
# 服务器安装路径
basedir=" C:/Program Files/MySQL/MySQL Server 8.0/"
# 服务器中数据文件的存储路径，读者可以根据需要修改参数
datadir="C:/ProgramData/MySQL/MySQL Server 8.0/Data/"
# 设置服务器端的字符集
character-set-server=utf8
# 设置默认的存储引擎，创建表时若不指定存储类型，则为 INNODB
default-storage-engine=INNODB
# 设置 MySQL 服务器的最大连接数
max_connections=151
# 允许临时存放在缓存区里的查询结果的最大容量
Query_cache_size=15M
# 服务器安全配置
section [mysqld_safe]
# 同时打开数据表的数量
table_cache=256
# 临时数据表的最大容量
tmp_table_size=18M
# 服务器线程缓存数
thread_cache_size=8
# *** MyISAM 指定参数 ***
# 重建索引时，MyISAM 允许的临时文件的最大容量
myisam_max_sort_file_size=100G
# MySQL 重建索引或加载数据文件到空表时，缓存区的大小
myisam_sort_buffer_size=35M
# 关键词缓存区大小，用于为 MyISAM 表缓存索引块
Key_buffer_size=23M
# MyISAM 表全扫描的缓存区大小
read_buffer_size=64K
# 排序操作时与磁盘间的数据缓存区大小
read_rnd_buffer_size=256K
# 排序缓存区大小
sort_buffer_size=256K

# ***INNODB 指定参数 ***
```

```
# 缓存索引和行数据缓冲池大小
innodb_additional_mem_pool_size=2M
# 设置写入日志文件到磁盘上的时间，默认为 1 表示提交事务时写入
innodb_flush_log_at_trx_commit=1
# 设置日志数据缓存区大小
innodb_log_buffer_size=1M
# INNODB 缓冲池大小
innodb_buffer_pool_size=42M
# INNODB 日志文件大小
Innodb_log_file_size=10M
# INNODB 存储引擎最大线程数
Innodb_thread_concurrency=8
```

修改后，重新启动 MySQL 服务即可生效。

任务 3 使用数据库

1.3.1 使用图形界面管理工具

MySQL 图形界面管理工具可以极大地方便数据库的操作和管理。常用的图形界面管理工具有 Navicat for MySQL、MySQL workbench、phpMyAdmin、MySQL GUI Tools 等。每种图形界面管理工具在 MySQL 的管理上都有一定的相似性。

Navicat 是一套快速、可靠、价格便宜的数据库管理工具，专为简化数据库的管理及降低系统管理成本而开发，其设计符合数据库管理员、开发人员及中小企业的需要。它拥有直观化的图形用户界面，用户可以通过安全且简单的方式创建、组织、访问和共享 MySQL 数据库中的数据。

Navicat 适用于 3 种平台（Microsoft Windows、MacOS 和 Linux），支持用户连接到任何本地机或远程服务器。Navicat 提供了实用的数据库工具，如数据模型、数据传输、数据同步、结构同步、导入、导出、备份、还原、报表创建工具等。

1. Navicat 登录 MySQL 服务器

安装 MySQL 以及 Navicat 管理工具之后，就可以使用 Navicat 来管理和操作 MySQL 数据库服务器。

【例 1-1】 使用 Navicat 连接 MySQL 服务器。

操作步骤如下：

（1）启动 Navicat。

单击 Windows “开始”按钮，选择“所有程序”中的“Navicat”打开该管理工具。Navicat 操作界面如图 1-17 所示，由连接资源管理器、对象管理器及对象等组成。

（2）连接到 MySQL 服务器。

单击图 1-17 所示的“连接”按钮，选择“MySQL”，打开“编辑连接”对话框，输入要连接的名称“local_conn”，主机名（或 IP 地址）、端口号、用户名和密码，如图 1-18 所示。

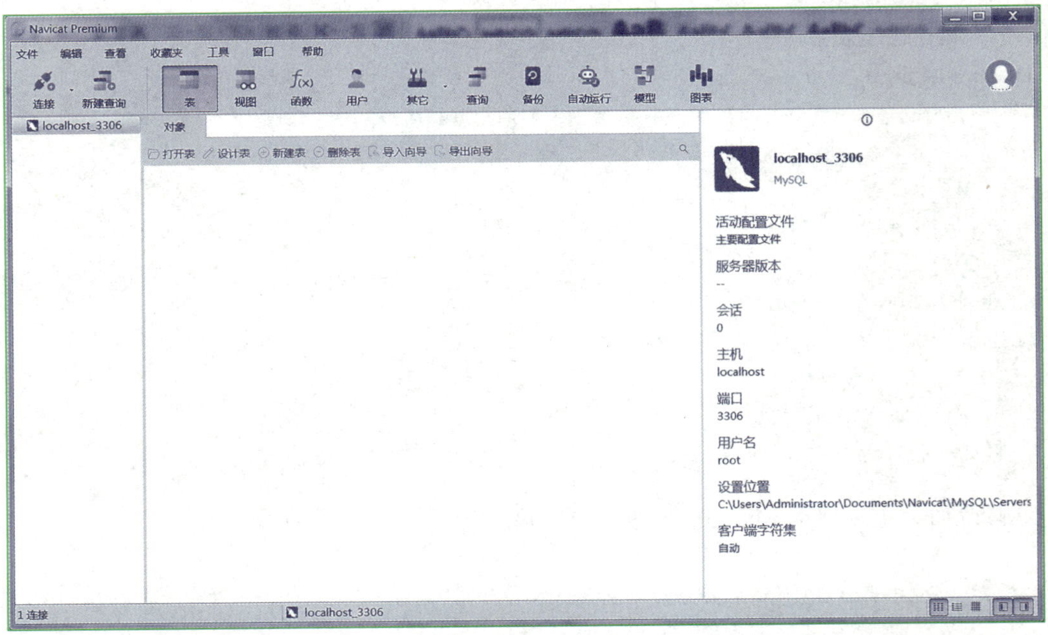

图 1-17　Navicat 操作界面

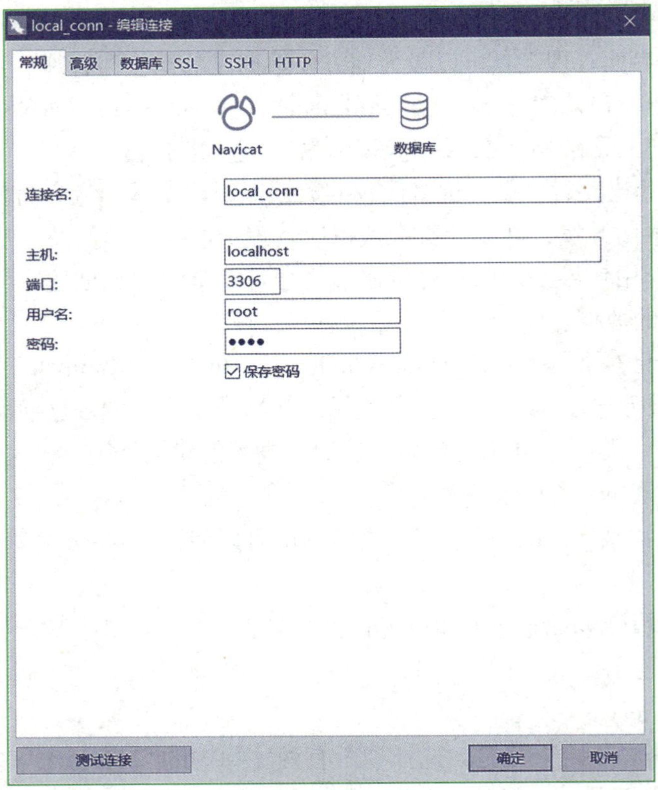

图 1-18　“编辑连接”对话框

（3）打开连接 local_conn。

单击图 1-18 所示的“测试连接”按钮，连接测试成功之后，双击“local_conn”连接，打开该连接的 MySQL 服务器管理的所有数据库，如图 1-19 所示。

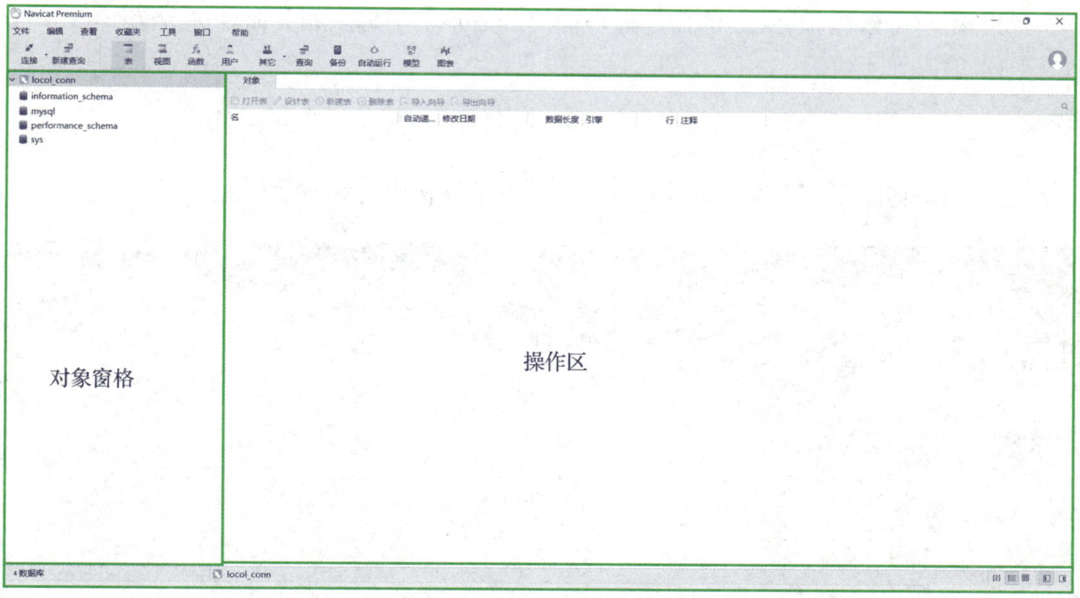

图 1 - 19 打开 local_conn 连接

成功登录 MySQL 服务器后，用户就可以使用 Navicat 管理和操作数据库、数据表、视图等对象。

2. 在 Naviact 中使用命令列工具

Navicat 提供了命令列工具，可方便用户通过命令操作。

【例 1 - 2】 在 Navicat 中使用命令列操作 MySQL。

操作步骤如下：

（1）单击菜单项“工具”中的“命令列界面”，打开 MySQL 命令列界面，如图 1 - 20 所示。

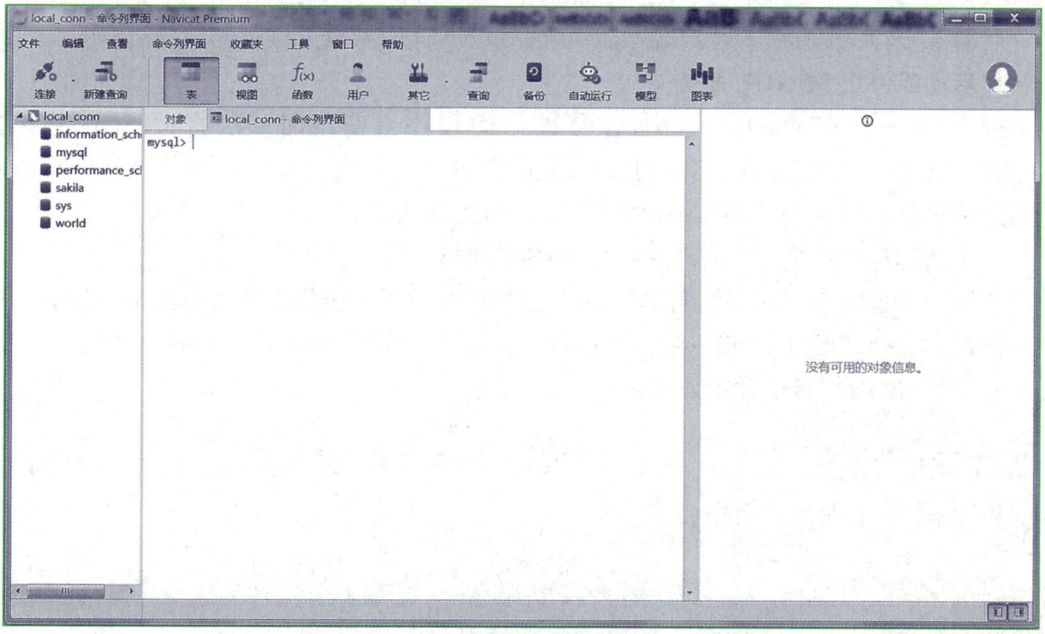

图 1 - 20 命令列界面

（2）用户可以在 MySQL 的命令提示符“mysql>”后输入相关命令进行操作。

（3）输入如下代码：

```
show databases;
```

执行结果如图 1－21 所示。该命令显示了当前连接中有哪些数据库。

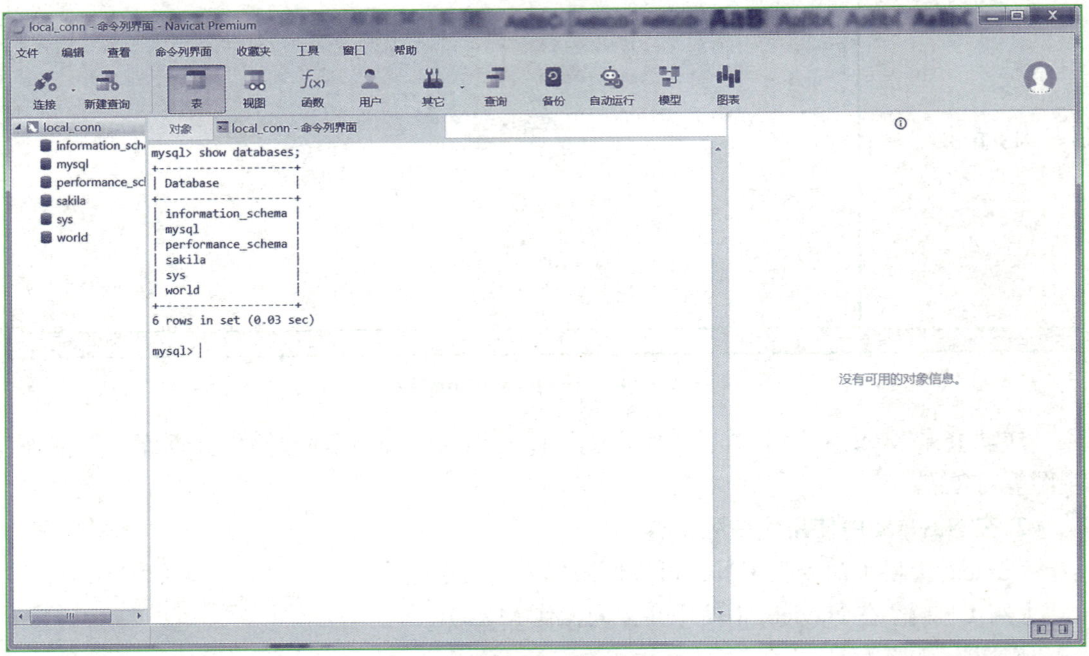

图 1－21　查看数据库的操作命令

1.3.2　使用命令行模式

启动 MySQL 服务后，客户端才能正常登录 MySQL 数据库服务器。

1. 启动或停止 MySQL 服务

服务是一种在 Windows 系统后台运行的程序。安装时，已将 MySQL 安装为 Windows 服务，当 Windows 启动时，MySQL 服务也会随之启动。用户可以通过操作系统命令 Windows 服务管理器来启动或停止 MySQL 服务。

（1）通过操作系统命令启动或停止 MySQL 服务。

使用操作系统命令 net 可以启动或停止 MySQL 服务。操作方法为单击 Windows“开始”按钮，选择“运行”，输入命令“cmd”后回车，打开 Windows 命令行窗口。

启动 MySQL 服务的命令如下：

```
net start mysql80
```

停止 MySQL 服务的命令如下：

```
net stop mysql80
```

执行结果如图 1－22 所示。

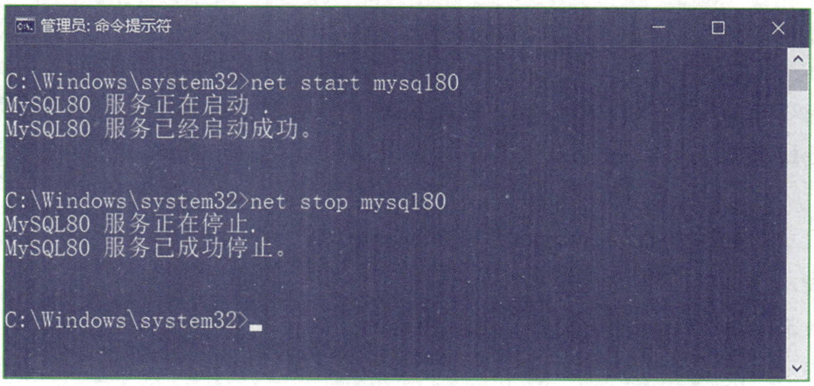

图 1－22　命令行启动或停止 MySQL 服务

注：MySQL80 是安装 MySQL 服务器时指定的服务器名称。

（2）通过 Windows 服务管理器启动或停止 MySQL 服务。

使用 Windows 服务管理器可以启动或停止 MySQL 服务，操作方法为打开 Windows 控制面板，打开管理工具下的服务组件，在服务列表中找到 MySQL80，如图 1－23 所示，双击 MySQL80 服务名称，即可启动或停止 MySQL 服务。

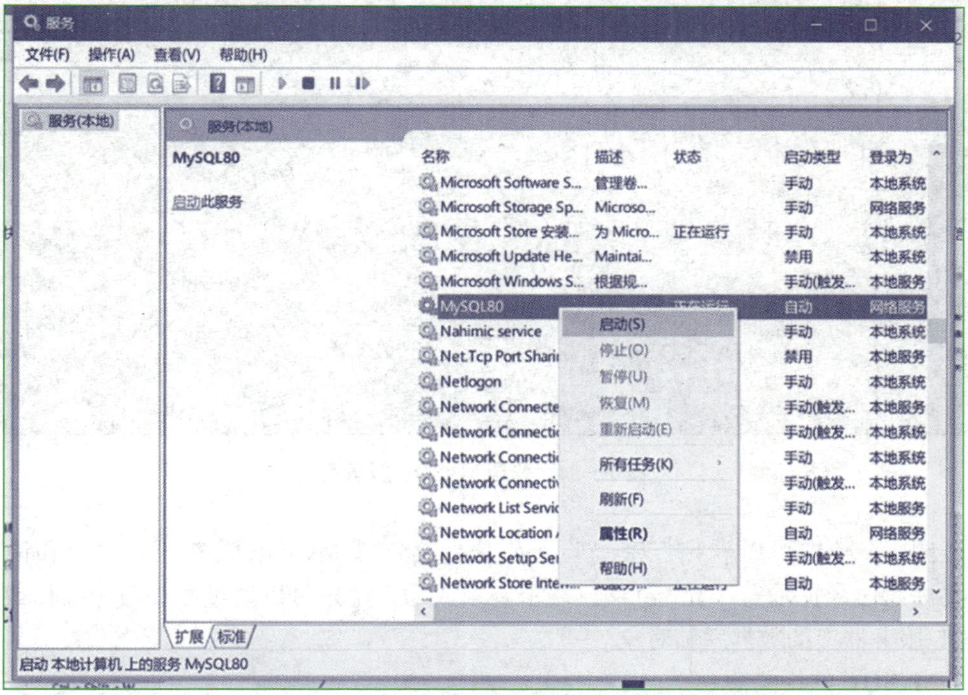

图 1－23　Windows 服务管理器启动或停止 MySQL 服务

2. 登录 MySQL 数据库

使用 DOS 命令方式登录 MySQL。打开 Windows 命令行窗口，执行连接并登录 MySQL 的命令行格式如下：

```
mysql -h hostname -u username -p
```

说明如下：

- mysql 为登录命令名，存放在 MySQL 的安装目录的 bin 目录下。
- -h 表示后面的参数 hostname 为服务器的主机地址，若登录其他服务器数据库则应输入相应的 IP 地址。默认情况下，本地计算机为服务器，hostname 可以使用 localhost 或 127.0.0.1。
- -u 表示后面的参数 username 为登录 MySQL 服务的用户名。
- -p 表示后面的参数为指定用户密码。

【例 1－3】 用户 root 登录 MySQL 服务。

打开 Windows 命令行窗口，输入如下代码：

```
mysql -h localhost -u root -p
```

系统提示“Enter Password”，输入对应的密码，验证正确即可成功登录 MySQL 服务器，执行结果如图 1－24 所示。

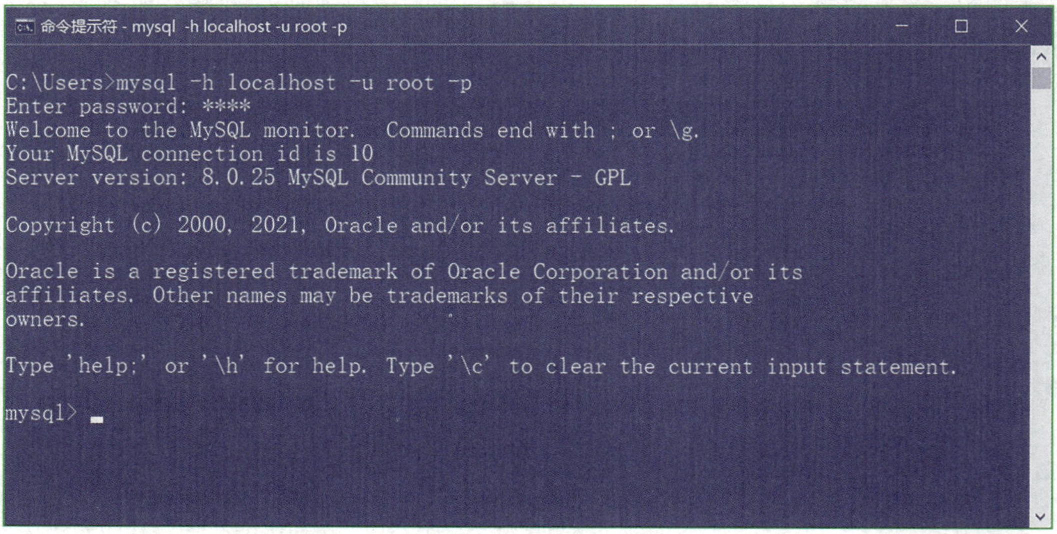

图 1－24　登录 MySQL 服务器

从图 1－24 中可以看出，密码验证成功后会加载 MySQL 服务器的欢迎和说明信息，并进入命令提示符“mysql>”，表示登录成功。用户可以通过相关命令操作或管理 MySQL 服务器上的数据库和对象。

3. MySQL 的相关命令

【例 1－4】 查看 MySQL 命令帮助信息。

在 mysql 提示符后输入“help”：

```
mysql> help
```

可以查看 MySQL 命令帮助信息，执行结果如图 1－25 所示。

图 1－25　查看 MySQL 命令帮助信息

图 1－25 列出了 MySQL 的所有命令，这些命令可以用一个单词表示，也可以用“\ 字母”的方式表示。MySQL 相关命令见表 1－1。

表 1－1　MySQL 相关命令

命令名	简写	说明
?	(\?)	显示帮助信息
clear	(\c)	清除当前输入语句
connect	(\r)	连接到服务器，可选参数数据库和主机
delimiter	(\d)	设置语句分隔符
exit 或 quit	(\q)	退出 MySQL
help	(\h)	显示帮助信息

续表

命令名	简写	说明
prompt	(\R)	改变 MySQL 提示信息
source	(\.)	执行 SQL 脚本文件
status	(\s)	获取 MySQL 的状态信息
tee	(\T)	设置输出文件，并将信息添加至所有给定的输出文件
use	(\u)	切换数据库
charset	(\C)	切换字符集

项目实践

1. 实践目标

（1）掌握 MySQL 数据库的安装与配置方法。

（2）掌握 MySQL 图形界面管理工具的安装方法。

（3）会使用命令方式及图形界面管理工具连接和断开服务器。

2. 实践内容（参考解决方案请扫描第 8 页二维码查看）

（1）安装 MySQL 服务器。

登录 MySQL 官方网站，下载合适的版本并安装。

配置并测试安装的 MySQL 服务器。

（2）安装 MySQL 图形界面管理工具。

安装 Navicat for MySQL 软件。

（3）连接与断开服务器。

用两种不同的方式连接至 MySQL 服务器。

断开与服务器的连接。

项目评价

知识掌握情况评分（25 分）				
序号	知识考核点	教师评价	配分	得分
1	数据、数据库、数据库管理系统		9	
2	数据库的发展阶段		9	
3	常见的关系数据库管理系统		7	
任务完成情况评分（75 分）				
序号	操作能力考核点	教师评价	配分	得分
1	安装 MySQL 服务器		25	
2	安装 MySQL 图形界面管理工具		25	
3	连接与断开服务器		25	

续表

违纪扣分（20 分）				
序号	违纪考查点	教师评价	分数	扣分
1	课上吃东西		5	
2	课上打游戏		5	
3	课上打电话		5	
4	其他扰乱课堂秩序的行为		5	

项目小结

- 数据库基本概念：信息、数据、数据库、数据库管理系统、数据库系统。
- 常见的数据库管理系统：Oracle、SQL Server、MySQL、DB2、Access、SQLite。
- 数据库管理技术的发展：人工管理阶段、文件系统阶段和数据库系统阶段。
- MySQL 的特点：快速、健壮、易用、支持强大的内置函数、安全性高。
- MySQL 在 Windows 平台下的安装。
- MySQL 使用步骤：启动 MySQL 服务；登录 MySQL 数据库；配置 MySQL 数据库。
- 启动 MySQL 服务的两种方式：使用 DOS 命令和 Windows 服务管理器。
- 登录 MySQL 数据库的两种方式：使用 DOS 命令和 Navicat 软件。
- 配置 MySQL 数据库的两种方式：使用 DOS 命令和修改 my.ini 文件。
- 使用 MySQL 的相关命令可以获取提示信息。

项目 2

管理数据库和数据库表

项目概述

随着互联网技术的飞速发展，网络售票变得越来越流行，要实现航空售票系统，需要在数据库服务器中建立航空售票系统数据库。通过项目 1，我们了解了 MySQL 数据库的基本作用，也掌握了如何对数据库软件进行安装和最基本的配置，从而构建数据库环境。本项目以航空售票系统数据库为例，对数据库软件中的基本组成部分即数据库和数据表进行介绍。

素养提升

在设计数据库结构时，不要只考虑当前需求，还应在力所能及的范围内多思考、多奉献，培养爱岗敬业、无私奉献的精神。为此，除了要实现存储数据信息功能外，尽量多设计一些常用的信息模块，如数据操作人员与时间信息等，为数据分析做准备。

项目目标

知识目标

（1）了解数值型、字符串等数据类型的使用方法。

（2）掌握数据库的创建与管理方法。

（3）掌握数据库表的创建与管理方法。

技能目标

（1）学会使用 SQL 命令和图形界面管理工具创建与管理数据库。

（2）学会使用 SQL 命令和图形界面管理工具创建与管理数据库表。

素质目标

通过本项目的学习，使学生掌握 MySQL 数据库和 MySQL 数据表的创建与管理方法，培养精益求精、细致认真的工匠精神。

任务 1　创建与管理数据库

数据库可以看作一个存储数据对象的容器。这些数据对象包括表、视图、触发器、存储过程等。

当然，必须先创建数据库，然后才能创建数据库的数据对象。MySQL 可以采用命令行方式，也可以通过图形界面管理工具创建、操作数据库和数据对象，本节讲解采用命令行方式创建和管理数据库的方法。

2.1.1 创建数据库

安装 MySQL 后，系统自动创建 information_scema 和 MySQL 数据库，这是系统数据库，MySQL 数据库的系统信息都存储在这两个数据库中。若删除了这些系统数据库，MySQL 就不能正常工作。对于用户的数据，需要创建新的数据库来存放。

使用 CREATE DATABASE 或 CREATE SCHEMA 命令创建数据库。

语法格式如下：

```
CREATE {DATABASEISCHEMA}[IF NOT EXISTS] 数据库名
[DEFAULT] CHARACTER SET 字符集名
[DEFAULT] COLLATE 校对规则名
```

语法说明如下：

- 语句中的“[ ]”内为可选项，“{|}”表示二选一。

语句中的大写单词为命令动词，输入命令时，不能更改命令动词的含义。但 MySQL 命令解释器对大小写不敏感，因此在输入命令动词时只要词义不变，与大小写无关，即 CREATE 和 create 在 MySQL 命令解释器中的含义一样。

语句中带下划线的斜体汉字为变量，输入命令前，一定要用具体的实义词替代，如“数据库名”要用新建的用户数据库名（如 ThreeKingDomSair、YGGL 等）替代。同样，MySQL 命令解释器对变量的大小写不敏感，无论用户输入的是大写还是小写，MySQL 命令解释器都视为小写。因此，无论输入 ThreeKingDomSair 还是 threekingdomsair 来创建数据库，MySQL 命令解释器中建立的都是同一个数据库。

CREATE DATABASE 语句的使用情况说明如下：

- 数据库名。在文件系统中，MySQL 的数据存储区将以目录方式表示 MySQL 数据库。因此，命令中的数据库名必须符合操作系统文件夹命名规则。注意，在 MySQL 中不区分大小写。
- IF NOT EXISTS。在新建数据库前进行判断，只有在该数据库不存在时才执行 CREATE DATABASE 操作。应用该选项可以避免出现数据库已经存在却又新建的错误。
- DEFAULT。指定默认值。
- CHARACTER SET。指定数据库字符集（Charset），其后的字符集名要用 MySQL 支持的具体的字符集名称代替，如 gb2312。
- COLLATE。指定字符集的校对规则，其后的校对规则名要用 MySQL 支持的具体的校对规则名称代替，如 gb2312_chinese_ci。

根据 CREATE DATABASE 的语法格式，在不使用语句中“[ ]”内的可选项，并在“{I}”中选定 DATABASE 的情况下创建数据库的最简化格式如下：

```
CREATE DATABASE 数据库名
```

【例 2－1】 创建“三国航空（threekingdomsair）”数据库。

SQL 语句及执行结果如下：

```
mysql> CREATE DATABASE IF NOT EXISTS threekingdomsair;
Query OK, 1 row affected (0.00 sec)
```

操作提示：连接 MySQL 服务器，打开 MySQL 数据库 Command Line Client 窗口，在 mysql> 提示符后输入 CREATE DATABASE IF NOT EXISTS threekingdomsair; 命令，命令必须以英文的“;”结束，按回车键后系统执行命令。系统提示 Query OK，表示命令被正确执行。

若输入的命令有错，系统会给出信息提示，同时，命令不被执行。如输入 CREAT DATABASE IF NOT EXISTS threekingdomsair; 命令时，因为命令动词 CREATE 被错误输入成 CREAT，系统提示出错，所以命令不被执行，系统没有建立 threekingdomsair 数据库。要建立 threekingdomsair，必须改正错误，重新运行命令。

要显示服务器中已建立的数据库，可使用 SHOW DATABASES 命令。

语法格式如下：

```
SHOW DATABASES;
```

该命令没有用户变量，执行 SHOW DATABASES 即可。

可以通过 SHOW DATABASES 命令查看新建的数据库 threekingdomsair。

```
mysql> SHOW DATABASES;
+------------------------+
| Database               |
+------------------------+
| information_schema     |
| demo                   |
| mysql                  |
| performance_schema     |
| sakila                 |
| test                   |
| threekingdomsair       |
| world                  |
+------------------------+
10 rows in set (0.00 sec)
```

MySQL 不允许两个数据库使用相同的名字，若再次输入创建 threekingdomsair 的数据库命令 CREATE DATABASE threekingdomsair;，系统将提示出错信息。

创建了数据库之后，可使用 USE 命令指定当前数据库，语法格式如下：

```
USE 数据库名 ;
```

该语句也可以用于从一个数据库“跳转”到另一个数据库。使用 CREATE DATABASE 语句创建了数据库之后，该数据库不会自动成为当前数据库，需要用 USE 语句指定。

例如，若要对 threekingdomsair 数据库进行操作，可以先执行 USE threekingdomsair; 命令，将 threekingdomsair 数据库指定为当前数据库。

【例 2－2】 使用“三国航空（threekingdomsair）”数据库。

SQL 语句和执行结果如下：

```
mysql> use threekingdomsair;
Database changed
```

2.1.2 MySQL 中的字符集和校对规则

字符集是一套符号和编码。校对规则是在字符集内用于比较字符的规则。下面通过一个假想字符集的例子来说明。

假设有一个字母表使用了 4 个字母：A、B、a、b。这里为每个字母赋予一个数值：A=0，B=1，a=2，b=3。字母 A 是一个符号，数字 0 是 A 的编码，这 4 个字母和它们的编码组合在一起就是一个字符集。

若要比较两个字符串 A 和 B 的大小，需要先设定比较规则，如设定“按编码值的大小进行比较”。这样，将先查找编码：A 的值为 0，B 的值为 1。0 小于 1，因此 A 小于 B。这便是在所定义的字符集上应用的校对规则“按编码值的大小进行比较”，这种全部可能的规则中的最简单的校对规则称为一个 binary（二元）校对规则。

若要求小写字母和大写字母是等价的，至少需要两个规则：把小写字母 a 和 b 视为与 A 和 B 等价；然后比较编码。我们称其为大小写不敏感的校对规则，该规则比二元校对规则复杂一些。

实际上，大多数字符集包含许多字符，不仅仅是 A 和 B，而是整个字母表，甚至有多种字母表。一个中文字符集使用包含几千个字符的书写系统，还有许多特殊符号和标点符号。同样，大多数校对规则包含许多规则，不仅仅是大小写不敏感，还包括重音符不敏感（“重音符”是附属于一个字母的符号，像德语的 ö 符号）和多字节映射（如 ö=OE 就是两个德语校对规则的一种）。

MySQL 能够使用多种字符集来存储字符串，使用多种校对规则来比较字符串。可以实现在同一台服务器、同一个数据库，甚至在同一个表中使用不同字符集或校对规则来混合字符串。MySQL 支持 30 多种字符集的 70 多种校对规则。字符集及其默认校对规则可以通过 SHOW CHARACTER SET 语句显示。

MySQL 允许定义任何级别的字符集和校对规则，支持服务器、数据库、表、列等级别的字符集和校对规则。每个字符集均有一个默认校对规则，而两个不同的字符集不能有相同的校对规则。

例如，latin1 的默认校对规则是 latin1_swedish_ci，而 gb2312 的默认校对规则是 gb2312_chinese_ci。

MySQL 校对规则命名约定：以相关的字符集名开始，通常包括一个语言名，并且以 _ci（大小写不敏感）、_cs（大小写敏感）或 _bin（二元）结束。

MySQL 按以下规则选择数据库字符集和数据库的校对规则：

（1）如果指定了 CHARACTER SET X 和 COLLATE Y，那么采用字符集 X 和校对规则 Y。

（2）如果指定了 CHARACTER SET X 而没有指定 COLLATE Y，那么采用 CHARACTER SET X 和 CHARACTER SET X 的默认校对规则。

（3）如果没有指定，那么采用服务器字符集和服务器校对规则。

使用 MySQL 的 CREATE DATABASE...DEFAULT CHARACTER SET... 语句，可以在同一个 MySQL 服务器上创建使用不同字符集和校对规则的数据库。若没有在 CREATE TABLE 语句中指定表字符集和校对规则，则将数据库字符集和校对规则作为默认值。

2-1 管理数据库

2.1.3 管理数据库

1. 修改数据库

数据库创建后，可使用 ALTER DATABASE 命令修改数据库的参数。语法格式如下：

```
ALTER {DATABASE|SCHEMA} [ 数据库名 ]
[[DEFAULT] CHARACTER SET 字符集名
|[DEFAULT] COLLATE [ 校对规则名 ]
```

ALTER DATABASE 语法说明可参照 CREATE DATABASE 语法说明。

ALTER DATABASE 用于更改数据库的全局特性，这些特性储存在数据库目录的 db.opt 文件中。用户必须具有对数据库进行修改的权限才可以使用 ALTER DATABASE。修改数据库的选项与创建数据库相同，这里不再重复说明。若将语句中的数据库名称忽略，则修改当前（默认）数据库。

【例 2－3】 更改“三国航空（threekingdomsair）”数据库字符集。

SQL 语句和执行结果如下：

```
mysql> ALTER DATABASE threekingdomsair CHARACTER SET utf8;
Query OK, 1 row affected (0.00 sec)
```

2. 删除数据库

可使用 DROP DATABASE 命令删除已经创建的数据库。语法格式如下：

```
DROP DATABASE [IF EXISTS] 数据库名
```

语法说明如下：

- 数据库名。要删除的数据库名。
- IF EXISTS。使用 IF EXISTS 子句可以避免在删除不存在的数据库时出现 MySQL 错误信息。

【例 2－4】 删除“三国航空（threekingdomsair）”数据库。

SQL 语句和执行结果如下：

```
mysql> DROP DATABASE threekingdomsair;
Query OK, 1 row affected (0.01 sec)
mysql> SHOW DATABASES;
+-----------------------+
```

```
| Database               |
+------------------------+
| information_schema     |
| demo                   |
| mysql                  |
| performance_schema     |
| sakila                 |
| test                   |
| world                  |
+------------------------+
10 rows in set (0.00 sec)
```

注意：DROP DATABASE 命令必须小心使用，因为它将永久删除指定的整个数据库信息，包括数据库中的所有表和表中的所有数据。

任务 2 ▸ 数据类型

在 MySQL 中为字段选择合适的数据类型对数据库的优化非常重要。MySQL 支持多种数据类型，常用的有数值类型、日期和时间类型、字符串（字符）类型和二进制类型。

2.2.1 数值类型

MySQL 支持所有标准 SQL 数值数据类型，包括严格数值数据类型（integer、smallint、decimal 和 numeric）和近似数值数据类型（float、real 和 double precision）。关键字 int 是 integer 的同义词，关键字 dec 是 decimal 的同义词。常用数值类型的取值范围见表 2－1。

表 2－1 常用数值类型的取值范围

类型	字节	最小值（带符号的 / 无符号的）	最大值（带符号的 / 无符号的）
tinyint	1	-128	127
		0	255
smallint	2	-32768	32767
		0	65535
mediumint	3	-8388608	8388607
		0	16777215
int	4	-2147483648	2147483647
		0	4294967295
bigint	8	-9223372036854775808	9223372036854775807
		0	18446744073709551615

MySQL 支持在该类型关键字后面的括号内指定整数值的显示宽度，如 int(4)。

对于浮点数类型，在 MySQL 中，单精度值使用 4 字节，双精度值使用 8 字节。MySQL 允许使用 float(M，D)、real(M，D) 或 double precision(M，D) 格式。(M，D) 表示该值一共显示 M 位整数，其中 D 位位于小数点后。例如，定义为 float(7，4) 的一个列可以显示为 –999.9999。MySQL 保存值时会进行四舍五入，因此在 float(7，4) 列内插入 999.00009 的话，近似结果是 999.0001。

2.2.2 char 和 varchar 类型

char 和 varchar 类似，但它们存储和检索的方式不同，其最大长度和尾部空格是否被保留等方面也不同。在存储和检索过程中不进行大小写转换。

char 和 varchar 类型声明的长度表示用户要存储的最大字符数。例如，char(30) 表示可以占用 30 个字符。

char 列的长度固定为创建表时声明的长度。长度指定范围为 0 ～ 255。保存 char 值时，在它们的右边填充空格以达到指定的长度；检索到 char 值时，尾部的空格将会被删除。在存储和检索过程中不进行大小写转换。

varchar 列中的值为可变长字符串。长度指定范围为 0 ～ 65535。varchar 的最大有效长度由最大行大小和使用的字符集确定。整体最大长度是 65532 字节。同 char 对比，varchar 值保存时只保存需要的字符数，另加 1 字节来记录长度。若列声明的长度超过 255，则使用 2 字节。varchar 值存储时不进行填充。存储和检索时，尾部的空格仍保留，符合标准 SQL。

若分配给 char 或 varchar 列的值超过列的最大长度，则对值进行裁剪以使其适合。若被裁掉的字符不是空格，则会产生一条警告信息。

表 2－2 列出了将各种字符串值存储到 char(4) 和 varchar(4) 列的结果，显示了 char 和 varchar 存储需求的差别。

表 2－2　char 和 varchar 存储需求的差别

值	char(4)	存储需求	varchar(4)	存储需求
''	''	4 字节	''	1 字节
'ab'	'ab'	4 字节	'ab'	3 字节
'abcd'	'abcd'	4 字节	'abcd'	5 字节
'abcdefgh'	'abcd'	4 字节	'abcd'	5 字节

2.2.3 blob 和 text 类型

blob 列被视为二进制字符串（字节字符串）。blob 列没有字符集，其排序和比较基于列值字节的数值。这种类型用于存储声音、视频、图像等数据。例如，图书数据方面，图书封面、会员照片可以设定为 blob 类型。

text 列被视为非二进制字符串（字符字符串）。text 列有一个字符集，并且根据字符集的校对规则对值进行排序和比较。例如，个人履历、图书内容简介等信息可以设定为 text 类型。

在 text 或 blob 列的存储或检索过程中不存在大小写转换。

blob 和 text 列不能有默认值。

blob 或 text 对象的最大值由其类型确定，但在客户端和服务器之间实际可以传递的最大值由可用内存数量和通信缓存区大小确定。用户可以通过更改 max_allowed_packet 变量的值来更改消息缓存区的大小，但必须同时修改服务器和客户端程序。

2.2.4 日期和时间类型

日期和时间类型的数据是具有特定格式的数据，专门用于表示日期、时间等以下类型：

- date 类型。表示日期，输入数据的格式是 yyyy-mm-dd，支持的范围为 1000-01-01 到 9999-12-31。
- time 类型。表示时间，输入数据的格式是 hh:mm:ss，支持的范围为 –838:59:59 到 838:59:59。小时部分的数据如此大的原因是 time 类型不仅可以用于表示一天的时间（必须小于 24 小时），还可能为某个事件过去的时间或两个事件的时间间隔（可以大于 24 小时，或者为负）。
- datetime 类型。表示日期时间，格式是 yyyy-mm-ddhh:mm:ss，支持的范围为 1000-01-0100:00:00 至 9999-12-3123:59:59。

例如，在图书销售信息管理中，注册时间、订购时间可以设定为 datetime 类型。

任务 3 创建与管理数据库表

数据表是由多列、多行组成的表格，数据表包括表结构部分和记录部分，是相关数据的集合。在计算机中，数据表是以文件的形式存在的，因此要设定数据表的文件名。航空公司目录表见表 2－3，其文件名便为 aircompany。

表 2－3 航空公司目录表

航空公司 ID	航空公司	航空公司地址	航空公司热线
1	兖州航空	山东金乡 A 区 278 号	0536-1234567
2	豫州航空	安徽亳州 A 区 2550 号	0551-1234567
3	幽州航空	荆州大兴 A 区 30 号	010-1234567

航空公司目录表的一列称作一个字段，每一列有一个与其他列不重复的名称，称作字段名，可以根据设计者的需要来命名字段。数据表中的一列是由一组字段值组成的，若某个字段的值出现重复，则将该字段称为普通字段；若某个字段的值不允许重复，则将该字段称为索引字段。航空公司目录表的表头决定了该表的表结构，每一列的值类型、取值范围等都由表头字段的定义来决定。航空公司目录表结构分析见表 2－4。

表 2－4 航空公司目录表结构分析

字段名	航空公司 ID	航空公司	航空公司地址	航空公司热线	……
字段值的表示方法	用 20 个字符表示	用 40 个字符表示	用 40 个字符表示	用 11 个字符表示	
数据类型	char(20)	varchar(40)	varchar(40)	varchar(11)	

2.3.1 创建数据库表

使用 CREATE TABLE 命令创建表。语法格式如下：

```
CREATE TABLE [IF NOT EXISTS] 表名
（列表数据类型 [NOT NULL I NULL] [DEFAULT 列默认值 ]……）
ENGINE= 存储引擎
```

语法说明如下：

● IF NOT EXISTS。在创建表之前添加一个判断，只有该表不存在时才执行 CREATE TABLE 操作。应用该选项可以避免出现表已经存在而无法再新建的错误。

● 表名。要创建的表的名称。表名必须符合标志符规则，如果有 MySQL 保留字则必须用单引号括起来。

● 列名。表中的列的名字。列名必须符合标志符规则，长度不能超过 64 个字符，而且在表中要唯一。如果有 MySQL 保留字则必须用单引号括起来。

● 数据类型。列的数据类型，有的数据类型需要指明长度 n，并用括号括起来。

● NOT NULL|NULL。指定该列是否允许为空。如果不指定，则默认为 NULL。

● DEFAULT 列默认值。为列指定默认值，默认值必须是一个常数。其中，blob 和 text 列不能被赋予默认值。如果没有为列指定默认值，MySQL 会自动分配一个。如果列可以取 NULL 值，默认值就是 NULL。如果列被声明为 NOT NULL，默认值取决于列类型。

● ENGINE= 存储引擎。MySQL 支持将数个存储引擎作为对不同表的类型的处理器，使用时要用具体的存储引擎代替存储引擎，如 ENGINE=InnoDB。

MySQL 支持的存储引擎有 MyISAM，用于管理非事务表，提供高速存储、检索和全文搜索能力。MyISAM 是默认的存储引擎，除非用户配置 MySQL 默认使用其他引擎。InnoDB 和 BDB 存储引擎可提供事务安全表。InnoDB 默认包括在所有 MySQL 5.7 二进制分发版里，用户可以按照喜好通过配置 MySQL 来允许或禁止任一引擎。

【例 2－5】 创建名字为“航空公司表（aircompany）”的数据表。

SQL 语句和执行结果如下：

```
mysql> DROP TABLE IF EXISTS aircompany;
Query OK, 0 rows affected, 1 warning (0.00 sec)
mysql> CREATE TABLE aircompany (
    -> a_id INT(11) NOT NULL AUTO_INCREMENT COMMENT '航空公司 ID',
    -> c_name VARCHAR(50) DEFAULT NULL COMMENT '航空公司',
    -> address VARCHAR(50) DEFAULT NULL COMMENT '航空公司地址',
    -> hotLine VARCHAR(100) DEFAULT NULL COMMENT '航空公司热线',
    -> PRIMARY KEY (a_id)
    -> );
Query OK, 0 rows affected (0.06 sec)
```

在例 2－5 中，每个字段都包含附加约束或修饰符，可以增加对输入数据的约束。

PRIMARY KEY 表示将“航空公司 ID”字段定义为主键，“DEFAULT NULL”表示默认值为 NULL。

2.3.2 管理数据库表

2－2 管理数据库表

1. 修改数据库表

ALTER TABLE 用于更改原有表的结构。可以增加或删减列、创建或取消索引、更改原有列的类型、重新命名列或表，还可以更改表的评注和表的类型。

语法格式如下：

```
ALTER [IGNORE] TABLE 表名
ADD [COLUMN] 列名 [FIRST|AFTER 列名 ]                                /* 添加列 */
|ALTER [COLUMN] 列名 {SET DEFAULT 默认值 DROP DEFAULT}              /* 修改默认值 */
|CHANGE [COLUMN] 旧列名列定义                                        /* 对列重命名 */
[FIRSTIAFTER 列名 ]
|MODIFY [COLUMN] 列定义 [FIRST|AFTER 列名 ]                          /* 修改列类型 */
|DROP [COLUMN] 列名                                                  /* 删除列 */
|RENAME [TO] 新表名                                                  /* 重命名该表 */
```

语法说明如下：

- IGNORE。MySQL 相对于标准 SQL 的扩展。在修改后的新表中存在重复关键字时，如果没有指定 IGNORE，则当重复关键字发生错误时操作失败；如果指定了 IGNORE，则对于有重复关键字的行只使用第 1 行，删除其他有冲突的行。
- 列定义。定义列的数据类型和属性，具体内容在 CREATE TABLE 的语法中已做说明。
- ADD [COLUMN] 子句。向表中增加新列。例如，在表 t1 中增加新的一列 a:ALTER TABLE t1 ADD COLUMN a TINYINT NULL;。
- FIRST|AFTER 列名。表示在某列的前或后添加，不指定则添加到最后。
- ALTER [COLUMN] 子句。修改表中指定列的默认值。
- CHANGE [COLUMN] 子句。修改列的名称。重命名时需给定旧的和新的列名称及列当前的类型。例如，要把一个 INTEGER 列的名称从 a 变更为 b：

ALTER TABLE t1 CHANGE a b INTEGER;。

- MODIFY [COLUMN] 子句。修改指定列的类型。例如，要把一个列的数据类型改为 bigint：

ALTER TABLE t1 MODIFY b bigint NOT NULL;。

注意，若表中该列所存数据的数据类型与将要修改的列的类型冲突，则发生错误。例如，要将 char 类型的列修改成 int 类型，而原来的列值中有字符型数据 a，则无法修改。

- DROP 子句。从表中删除列或约束。
- RENAME 子句。修改该表的表名。例如，将表 a 改名为 b：

ALTER TABLE a RENAME TO b;。

【例 2-6】 修改“航空公司表”的名字为 aircompanys。

SQL 语句和执行结果如下：

```
mysql> show tables;
+--------------------------------+
| Tables_in_threekingdomsair |
+--------------------------------+
| aircompany                     |
+--------------------------------+
1 row in set (0.00 sec)
mysql>  RENAME TABLE aircompany TO aircompanys;
Query OK, 0 rows affected (0.02 sec)
```

ALTER TABLE 除了可以更改原有表的结构外，还可以修改表名。此外，还可以直接用 RENAME TABLE 语句来更改表名。

语法格式如下：

```
RENAME TABLE 旧表名 1 TO 新表名 1
                    [, 旧表名 2 TO 新表名 2]…
```

语法说明如下：

- 旧表名。修改之前的表名。
- 新表名。修改之后的表名。

RENAME TABLE 语句可以同时更改多个表的名字。

【例 2-7】 更改“航空公司表（aircompanys）”中的 a_id 的字段类型，加入 zreofill 参数。

SQL 语句和执行结果如下：

```
mysql>  ALTER TABLE aircompanys MODIFY a_id INT zerofill;
Query OK, 1 rows affected (0.11 sec)
Records: 1  Duplicates: 0  Warnings: 0
```

【例 2-8】 将“航空公司表（aircompanys）”中的 c_name 字段修改为 aircompany_name。

SQL 语句和执行结果如下：

```
mysql> ALTER TABLE aircompanys CHANGE  c_name aircompany_name varchar(50);
Query OK, 0 rows affected (0.01 sec)
Records: 0  Duplicates: 0  Warnings: 0
```

【例 2-9】 删除“航空公司表（aircompanys）”中的 address 字段。

SQL 语句和执行结果如下：

```
mysql>  ALTER TABLE aircompanys DROP address;
Query OK, 0 rows affected (0.09 sec)
Records: 0  Duplicates: 0  Warnings: 0
```

● 显示数据表文件名。

SHOW TABLES 命令用于显示已经建立的数据表文件。

语法格式如下：

```
SHOW TABLES
```

举例如下：

```
mysql> show tables;
+--------------------------------+
| Tables_in_threekingdomsair |
+--------------------------------+
| aircompanys                |
+--------------------------------+
1 row in set (0.00 sec)
```

● 显示数据表结构。

DESCRIBE 语句用于显示表中各列的信息，其运行结果等同于 SHOW columns from 语句。语法格式如下：

```
{DESCRIBE|DESC} 表名 [ 列名 | 通配符 ]
```

语法说明如下：

● DESCRIBE|DESC。DESC 是 DESCRIBE 的简写，二者用法相同。

● 列名 | 通配符。可以是一个列名称，或一个包含 % 和_的通配符的字符串，用于获得带有与字符串相匹配的名称的各列的输出。没有必要在引号中包含字符串，除非其中包含空格或其他特殊字符。

举例如下：

```
mysql> DESC aircompanys;
+---------------------+---------------+-------+------+---------+-------------------+
| Field               | Type          | Null  | Key  | Default | Extra             |
+---------------------+---------------+-------+------+---------+-------------------+
| a_id                | int(11)       | NO    | PRI  | NULL    | auto_increment    |
| aircompany_name     | varchar(50)   | YES   |      | NULL    |                   |
| hotLine             | varchar(100)  | YES   |      | NULL    |                   |
+---------------------+---------------+-------+------+---------+-------------------+
3 rows in set (0.02 sec)
```

【例 2－10】 在“航空公司表（aircompanys）”中添加 aircompanyaddress 字段。

SQL 语句和执行结果如下：

```
mysql> ALTER TABLE aircompanys ADD  aircompanyaddress  varchar(50) ;
Query OK, 0 rows affected (0.08 sec)
Records: 0  Duplicates: 0  Warnings: 0
```

```
mysql> DESC aircompanys;
+---------------------+---------------+-------+-----+---------+-----------------+
| Field               | Type          | Null  | Key | Default | Extra           |
+---------------------+---------------+-------+-----+---------+-----------------+
| a_id                | int(11)       | NO    | PRI | NULL    | auto_increment  |
| aircompany_name     | varchar(50)   | YES   |     | NULL    |                 |
| hotLine             | varchar(100)  | YES   |     | NULL    |                 |
| aircompanyaddress   | varchar(50)   | YES   |     | NULL    |                 |
+---------------------+---------------+-------+-----+---------+-----------------+
4 rows in set (0.00 sec)
```

2. 删除数据库表

可以使用 DROP TABLE 语句删除数据库表。

语法格式如下：

```
DROP TABLE [IF EXISTS] 表名 1[，表名 2]...
```

语法说明如下：

- 表名。要被删除的表名。
- IF EXISTS。避免要删除的表不存在时出现错误信息。

该命令可将表的描述、表的完整性约束、索引以及与表相关的权限全部删除。

【例 2－11】 删除“航空公司表（aircompanys）”。

SQL 语句和执行结果如下：

```
mysql> show tables;
+-------------------------------+
| Tables_in_threekingdomsair |
+-------------------------------+
| aircompanys                   |
+-------------------------------+
1 row in set (0.00 sec)
```

当需要建立的数据库表与已有的数据库表的结构相同时，可以采用复制表的方法复制现有数据库表的结构，也可以复制表的结构和数据。

语法格式如下：

```
CREATE TABLE [IF NOT EXISTS] 新表名
    [LIKE 参照表名 ]
    |[AS (SELECT 语句 )]
```

语法说明如下：

- LIKE。使用 LIKE 关键字可以创建一个与参照表名的结构相同的新表，列名、数据类型、空指定和索引也将得到复制，但是表的内容不会被复制，因此创建的新表是一个空表。

● AS。使用 AS 关键字可以复制表的内容，但索引和完整性约束是不会被复制的。

若想在复制结构的同时复制数据，则需要使用 AS 关键字，并使用 SELECT 语句对需要复制的数据进行选择。

语法格式如下：

```
mysql> DROP TABLE IF EXISTS aircompanys;
Query OK, 0 rows affected (0.02 sec)
mysql> show tables;
Empty set (0.00 sec)
```

任务 4 图形界面管理工具

2.4.1 使用图形界面管理数据库

使用图形界面管理工具对数据库进行操作时，大部分操作都能通过菜单方式完成，无须记住操作命令。下面以 Navicat 16 为例，说明使用 MySQL 图形界面管理工具创建数据库和表的过程及方法。

1. 连接 MySQL 服务器

启动 Navicat 后，单击工具栏的"连接"按钮，找到 MySQL 服务器，打开如图 2-1 所示的"新建连接"对话框。

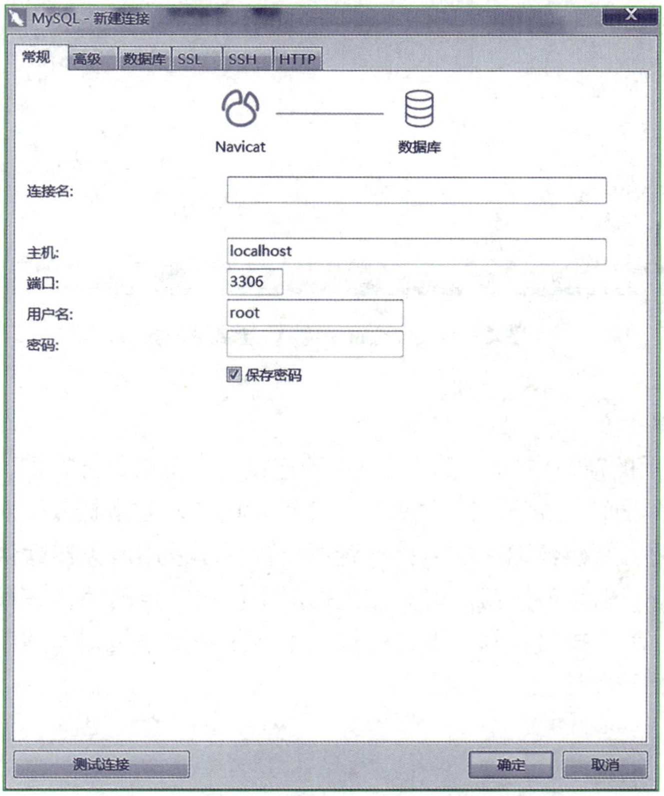

图 2-1 "新建连接"对话框

其中，“连接名”指与MySQL服务器建立连接的名称，可以任意取名。“主机”指MySQL服务器的名称，若MySQL软件安装在本机，可以用localhost代替本机地址，若要登录远程服务器，则需要输入MySQL服务器的主机名或IP地址。“端口”指MySQL服务器端口，默认端口为3306；如果没有特别指定，则不需要更改。使用“用户名”和“密码”来确保只有MySQL服务器中的合法用户才能建立与服务器的连接，root是MySQL服务器权限最高的用户。

输入相关参数后，单击“测试连接”按钮测试与服务器的连接状况，测试通过后单击“确定”按钮，即可连接到服务器，并打开如图2－2所示的窗口。

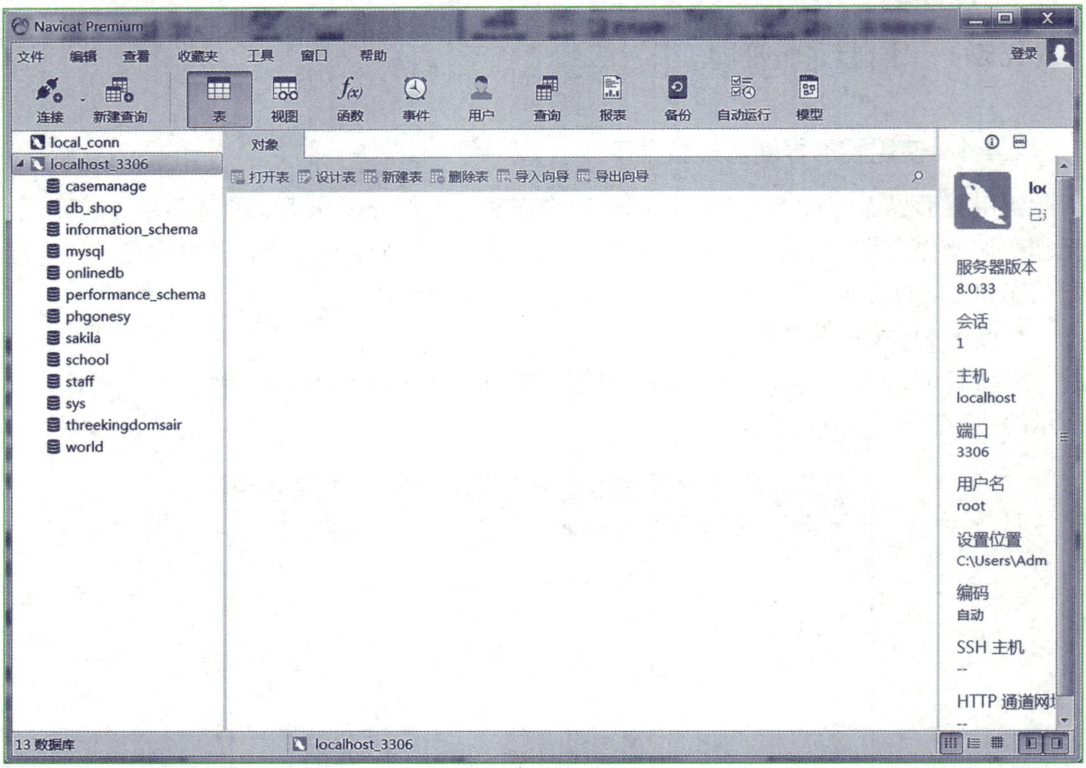

图2－2 Navicat 16成功连接服务器

2. 创建数据库

在图2－2所示的窗口中选中已建立连接的连接名，单击鼠标右键，在弹出的快捷菜单中选择“新建数据库”命令，打开如图2－3所示的“新建数据库”对话框。在“数据库名”文本框中输入新建数据库的名称，若新建数据库采用服务器默认的字符集和排序规则，则直接单击“确定”按钮。若要在数据库中使用特定的字符集和排序规则，则分别单击“字符集”和“排序规则”下拉框指定字符集和排序规则，然后单击“确定”按钮，即可完成数据库的创建。

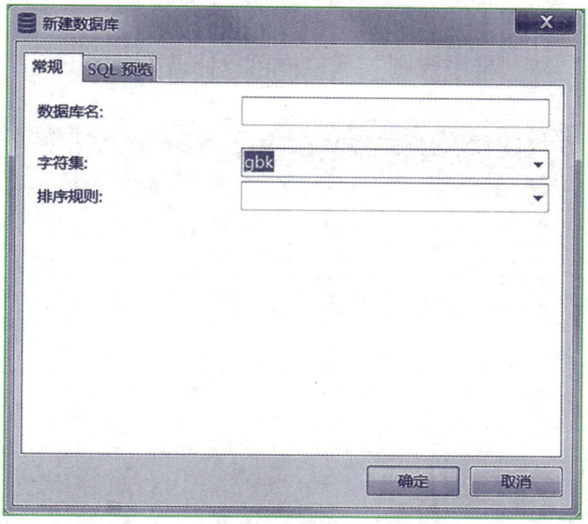

图 2-3 “新建数据库”对话框

3. 访问数据库

如果要对数据库进行维护，可在“连接”列表框中双击要维护的数据库名称，右侧的数据库表管理窗口便会列出所选数据库已经建立的数据表文件。在数据库名称上单击鼠标右键，选择快捷菜单命令，可以实现相应的数据维护操作，如图 2-4 所示。

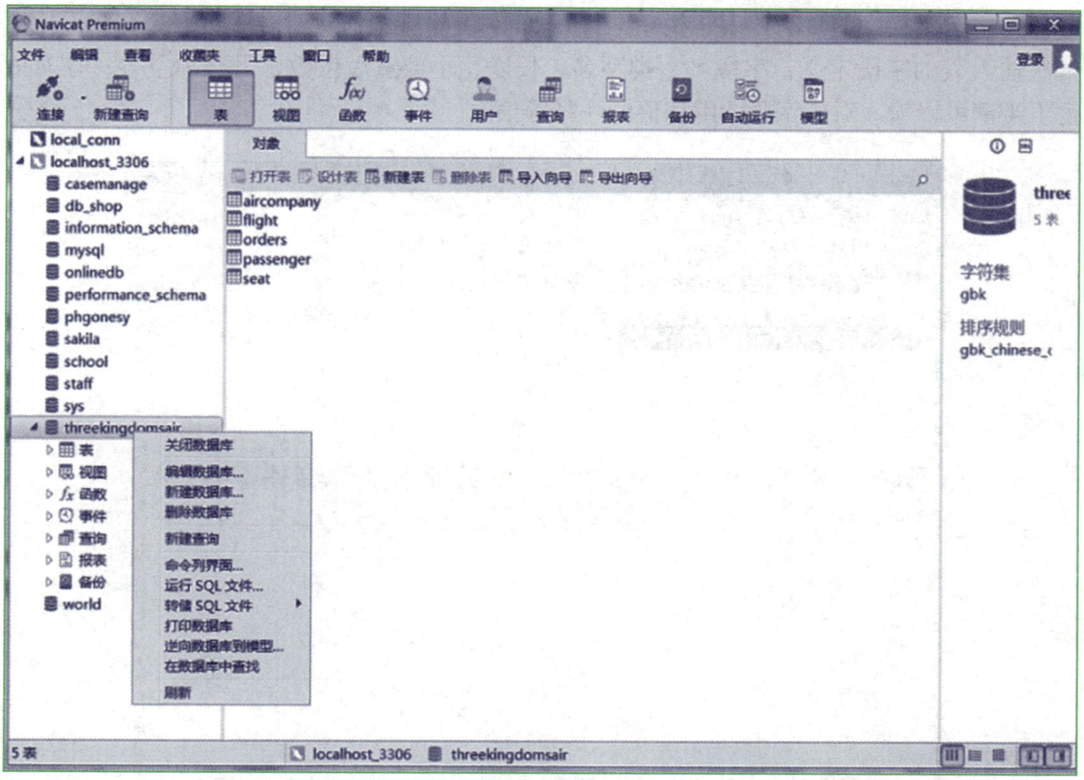

图 2-4 数据维护选项

例如，选择“编辑数据库”快捷菜单命令，可打开图 2－5 所示的“编辑数据库”对话框，单击“字符集”和“排序规则”下拉框可以修改数据库的字符集和排序规则。

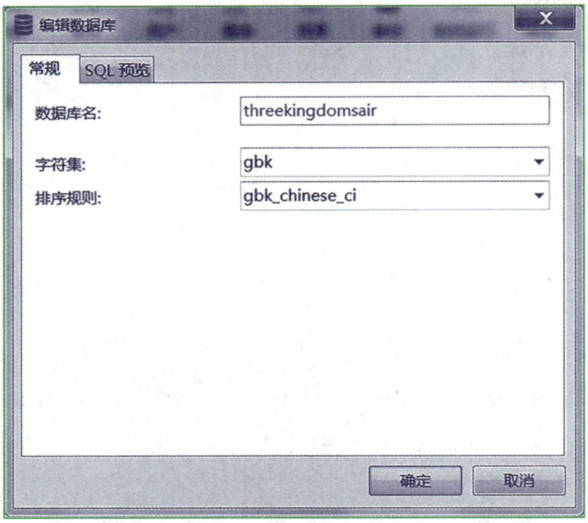

图 2－5 “编辑数据库”对话框

2.4.2 使用图形界面管理数据库表

1. 创建数据库表

单击工具栏中的“新建表”按钮，打开如图 2－6 所示的新建表对话框，在栏位框中依次输入表的字段定义：字段名、类型名、长度、小数点后位数、是否为空等；在对话框下半部可以输入对应字段的默认值、注释等信息。

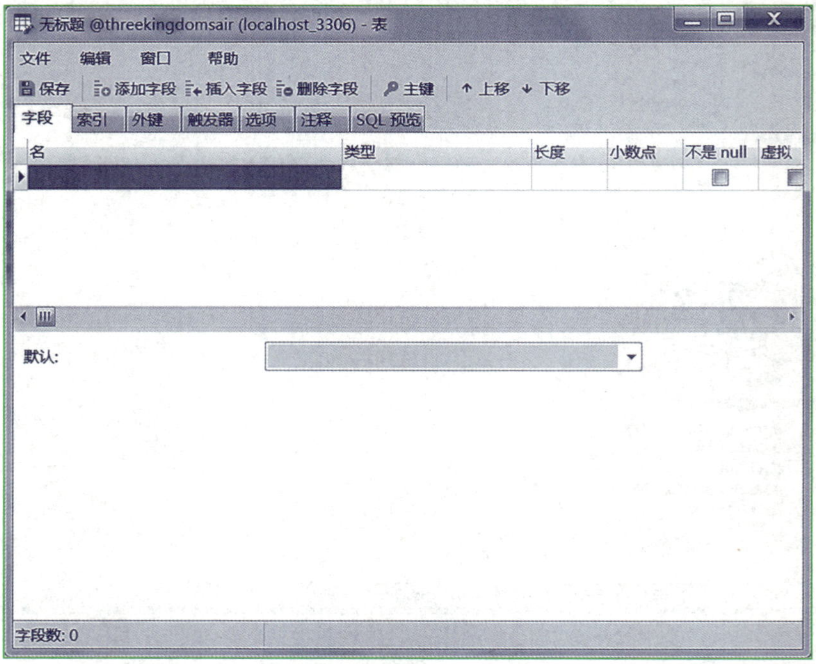

图 2－6 新建表对话框

数据库表定义完成后，单击工具栏中的“保存”按钮，打开如图 2－7 所示的用于保存新建表的“表名”对话框，在“输入表名”文本框中输入新建表的名称后单击“确定”按钮，完成新数据库表的创建。

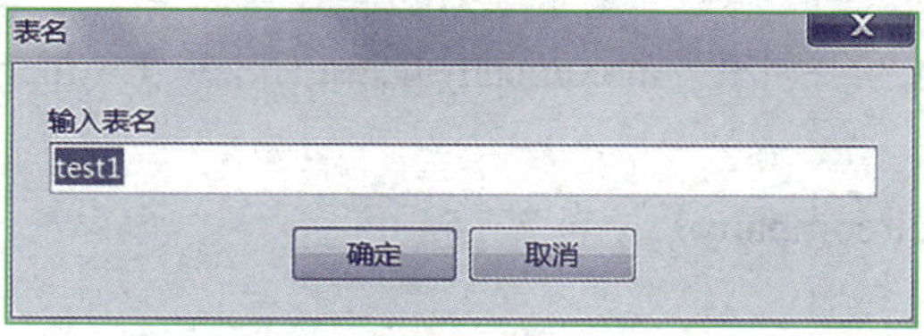

图 2－7 “表名”对话框

2. 修改表结构

如果要对表的结构进行修改，可在图 2－4 所示的 Navicat 主界面右侧的数据库表管理窗口中选择要修改的表，然后单击工具栏中的“设计表”按钮，打开如图 2－8 所示的设计表对话框，即可修改表结构的各项定义。

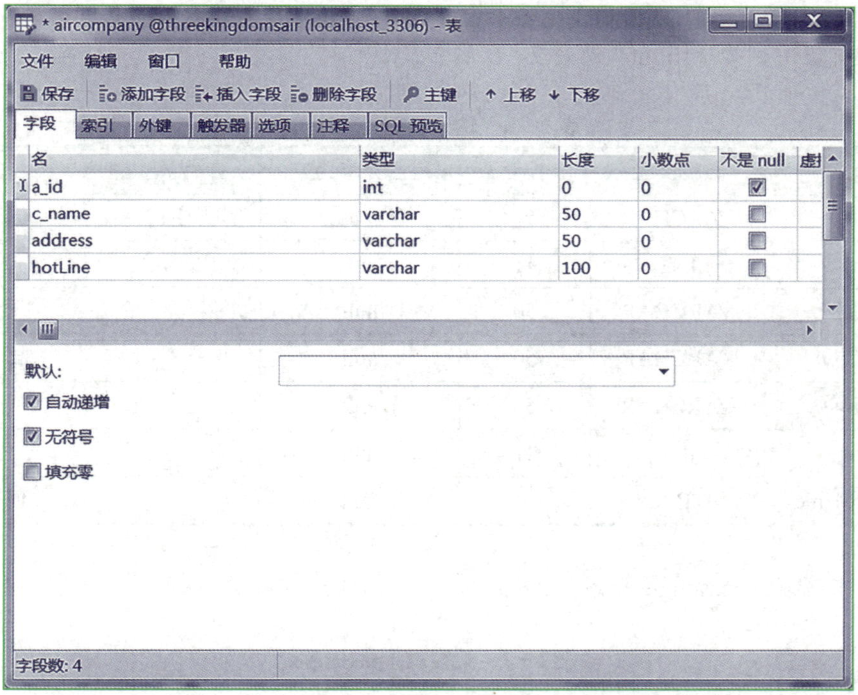

图 2－8 设计表对话框

3. 删除表

如果要删除表，可在图 2－4 所示的 Navicat 主界面右侧的数据库表管理窗口中选择要删除的表，单击工具栏中的“删除表”按钮，即可将选中的表删除。

项目实践

1. 实践目标

（1）学会使用命令行方式和图形界面管理工具创建数据库和表。

（2）学会使用命令行方式和图形界面管理工具修改数据库和表。

（3）学会使用命令行方式和图形界面管理工具删除数据库和表。

2. 实践内容

创建用于航空信息管理的航空售票系统数据库，数据库名为 threekingdomsair，共包含5个数据库表，分别为航空公司表（aircompany）、航班时刻表（flight）、乘客表（passenger）、座位表（seat）和订单表（orders）。

（1）航空公司表（aircompany）见表2-5。

表2-5 航空公司表（aircompany）

字段名	数据类型	长度	是否允许为空	说明	备注
a_id	INT	11	not null	自增、主键	航空公司 ID
c_name	VARCHAR	50	null		航空公司
address	VARCHAR	50	null		航空公司地址
hotLine	VARCHAR	100	null		航空公司热线

（2）航班时刻表（flight）见表2-6。

表2-6 航班时刻表（flight）

列名	数据类型	长度	是否允许为空	说明	备注
f_id	VARCHAR	50	not null	主键	航班号 ID
a_id	INT	11	null		航空公司 ID
model	VARCHAR	50	null		飞机型号
fromCity	VARCHAR	50	null		起飞地点
toCity	VARCHAR	50	null		到达地点
mileage	INT	11	null		公里数
departureTime	TIME		null		到达时间

（3）乘客表（passenger）见表2-7。

表2-7 乘客表（passenger）

列名	数据类型	长度	是否允许为空	说明	备注
p_id	VARCHAR	50	not null	主键	乘客 ID
name	VARCHAR	50	not null		姓名
genger	VARCHAR	4	null		性别
age	INT	11		默认值是0	年龄
birthday	DATE		null		生日
tel	VARCHAR	20	null		电话

（4）座位表（seat）见表 2－8。

表 2－8　座位表（seat）

列名	数据类型	长度	是否允许为空	说明	备注
s_id	INT	11	not null	主键	座位 ID
f_id	VARCHAR	50	null		航班号 ID
flightDate	DATE		null		航班日期
grade	VARCHAR	20	null		登机口
seats	INT	11	null		座位数
availableSeats	INT	11	null		已售座位数
fullPrice	FLOAT	8，2	null		座位全价

（5）订单表（orders）见表 2－9。

表 2－9　订单表（orders）

列名	数据类型	长度	是否允许为空	说明	备注
o_id	INT	11	not null	主键	订单 ID
p_id	VARCHAR	50	null		乘客 ID
f_id	VARCHAR	50	null		航班号 ID
flightDate	DATE		null		航班日期
grade	VARCHAR	20	null		舱位类型
seat	VARCHAR	20	null		座位号
price	FLOAT	8，2	null		价格
gate	VARCHAR	20			登机口

（1）创建“航班时刻表（flight）”，并查看表结构。

SQL 语句和执行结果如下：

```
mysql> CREATE TABLE flight (
  -> f_id VARCHAR(50) NOT NULL COMMENT '航班号 ID',
  -> a_id INT(11) DEFAULT NULL COMMENT '航空公司 ID',
  -> model VARCHAR(50) DEFAULT NULL COMMENT '飞机型号',
  -> fromCity VARCHAR(50) DEFAULT NULL COMMENT '起飞地点',
  -> toCity VARCHAR(50) DEFAULT NULL COMMENT '到达地点',
  -> mileage INT(11) DEFAULT NULL COMMENT '公里数',
  -> departureTime TIME DEFAULT NULL COMMENT '到达时间',
  -> PRIMARY KEY (f_id) USING BTREE,
  -> KEY FK_Fight_AirLine (a_id) USING BTREE,
  -> CONSTRAINT FK_Fight_AirLine FOREIGN KEY (a_id) REFERENCES aircompany (a_id)
  -> );
Query OK, 0 rows affected (0.04 sec)
```

```
mysql> DESC flight;
+----------------+---------------+------+------+---------+-------+
| Field          | Type          | Null | Key  | Default | Extra |
+----------------+---------------+------+------+---------+-------+
| f_id           | varchar(50)   | NO   | PRI  | NULL    |       |
| a_id           | int(11)       | YES  | MUL  | NULL    |       |
| model          | varchar(50)   | YES  |      | NULL    |       |
| fromCity       | varchar(50)   | YES  |      | NULL    |       |
| toCity         | varchar(50)   | YES  |      | NULL    |       |
| mileage        | int(11)       | YES  |      | NULL    |       |
| departureTime  | time          | YES  |      | NULL    |       |
+----------------+---------------+------+------+---------+-------+
7 rows in set (0.00 sec)
```

（2）创建“乘客表（passenger）”，并查看表结构。

SQL 语句和执行结果如下：

```
mysql> DROP TABLE IF EXISTS passenger;
Query OK, 0 rows affected, 1 warning (0.00 sec)

mysql> CREATE TABLE passenger (
    -> p_id VARCHAR(50) NOT NULL COMMENT '乘客 ID',
    -> name VARCHAR(50) NOT NULL COMMENT ' 姓名 ',
    -> genger VARCHAR(4) DEFAULT NULL COMMENT ' 性别 ',
    -> age INT DEFAULT 0 COMMENT ' 年龄 ',
    -> birthday DATE DEFAULT NULL COMMENT ' 生日 ',
    -> tel VARCHAR(20) DEFAULT NULL COMMENT ' 电话 ',
    -> PRIMARY KEY (p_id) USING BTREE
    -> );
Query OK, 0 rows affected (0.05 sec)

mysql> DESC passenger;
+----------+-------------+------+-----+---------+-------+
| Field    | Type        | Null | Key | Default | Extra |
+----------+-------------+------+-----+---------+-------+
| p_id     | varchar(50) | NO   | PRI | NULL    |       |
| name     | varchar(50) | NO   |     | NULL    |       |
| genger   | varchar(4)  | YES  |     | NULL    |       |
| age      | int(11)     | YES  |     | 0       |       |
| birthday | date        | YES  |     | NULL    |       |
| tel      | varchar(20) | YES  |     | NULL    |       |
+----------+-------------+------+-----+---------+-------+
6 rows in set (0.00 sec)
```

（3）创建“座位表（seat）”，并查看表结构。

SQL语句和执行结果如下：

```
mysql> DROP TABLE IF EXISTS seat;
Query OK, 0 rows affected, 1 warning (0.00 sec)

mysql> CREATE TABLE seat (
    -> s_id INT(11) NOT NULL AUTO_INCREMENT COMMENT '座位 ID',
    -> f_id VARCHAR(50) DEFAULT NULL COMMENT '航班号 ID',
    -> flightDate DATE DEFAULT NULL COMMENT '航班日期',
    -> grade VARCHAR(20) DEFAULT NULL COMMENT '登机口',
    -> seats INT(11) DEFAULT NULL COMMENT '座位数',
    -> availableSeats INT(11) DEFAULT NULL COMMENT '已售座位数',
    -> fullPrice FLOAT(8,2) DEFAULT NULL COMMENT '座位全价',
    -> PRIMARY KEY (s_id) USING BTREE,
    -> KEY FK_Cabin_Flight (f_id) USING BTREE,
    -> CONSTRAINT FK_Cabin_Flight FOREIGN KEY (f_id) REFERENCES flight (f_id)
    -> );
Query OK, 0 rows affected (0.08 sec)

mysql> DESC  seat;
+----------------+-------------+------+-----+---------+----------------+
| Field          | Type        | Null | Key | Default | Extra          |
+----------------+-------------+------+-----+---------+----------------+
| s_id           | int(11)     | NO   | PRI | NULL    | auto_increment |
| f_id           | varchar(50) | YES  | MUL | NULL    |                |
| flightDate     | date        | YES  |     | NULL    |                |
| grade          | varchar(20) | YES  |     | NULL    |                |
| seats          | int(11)     | YES  |     | NULL    |                |
| availableSeats | int(11)     | YES  |     | NULL    |                |
| fullPrice      | float(8,2)  | YES  |     | NULL    |                |
+----------------+-------------+------+-----+---------+----------------+
7 rows in set (0.00 sec)
```

（4）创建“订单表（orders）”，并查看表结构。

SQL语句和执行结果如下：

```
mysql> DROP TABLE IF EXISTS `orders`;
Query OK, 0 rows affected, 1 warning (0.00 sec)

mysql> CREATE TABLE `orders` (
    -> `o_id` int(11) NOT NULL AUTO_INCREMENT COMMENT '订单 ID',
    -> `p_id` varchar(50) DEFAULT NULL COMMENT '乘客 ID',
    -> `f_id` varchar(50) DEFAULT NULL COMMENT '航班号 ID',
    -> `flightDate` date DEFAULT NULL COMMENT '航班日期',
```

```
    -> `grade` varchar(20) DEFAULT NULL COMMENT '舱位类型',
    -> `seat` varchar(20) DEFAULT NULL COMMENT '座位号',
    -> `price` float(8,2) DEFAULT NULL COMMENT '价格',
    -> `gate` varchar(20) DEFAULT NULL COMMENT '登机口',
    -> PRIMARY KEY (`o_id`) USING BTREE,
    -> KEY `FK_Ticket_Flight` (`f_id`) USING BTREE,
    -> KEY `FK_Ticket_Passenger` (`p_id`) USING BTREE,
    -> CONSTRAINT `FK_Ticket_Flight` FOREIGN KEY (`f_id`) REFERENCES `flight` (`f_id`),
    -> CONSTRAINT `FK_Ticket_Passenger` FOREIGN KEY (`p_id`) REFERENCES `passenger` (`p_id`)
    -> );
Query OK, 0 rows affected (0.14 sec)

mysql> DESC orders;
+------------+-------------+------+-----+---------+----------------+
| Field      | Type        | Null | Key | Default | Extra          |
+------------+-------------+------+-----+---------+----------------+
| o_id       | int(11)     | NO   | PRI | NULL    | auto_increment |
| p_id       | varchar(50) | YES  | MUL | NULL    |                |
| f_id       | varchar(50) | YES  | MUL | NULL    |                |
| flightDate | date        | YES  |     | NULL    |                |
| grade      | varchar(20) | YES  |     | NULL    |                |
| seat       | varchar(20) | YES  |     | NULL    |                |
| price      | float(8,2)  | YES  |     | NULL    |                |
| gate       | varchar(20) | YES  |     | NULL    |                |
+------------+-------------+------+-----+---------+----------------+
8 rows in set (0.08 sec)
```

项目评价

知识掌握情况评分（25 分）				
序号	知识考核点	教师评价	配分	得分
1	使用语句创建、打开、修改、显示、删除数据库		10	
2	使用 Navicat for MySQL 创建表		5	
3	使用语句创建表		10	
任务完成情况评分（75 分）				
序号	操作能力考核点	教师评价	配分	得分
1	创建数据库		10	
2	打开数据库		10	
3	修改数据库		10	

续表

序号	操作能力考核点	教师评价	配分	得分
4	显示数据库		10	
5	删除数据库		10	
6	创建表		25	
违纪扣分（20 分）				
序号	违纪考查点	教师评价	分数	扣分
1	课上吃东西		5	
2	课上打游戏		5	
3	课上打电话		5	
4	其他扰乱课堂秩序的行为		5	

项目小结

- 数据库的基本操作：创建数据库、查看数据库、修改数据库和删除数据库。
- MySQL 数据库常用的数据类型：数值类型、日期和时间类型、字符串类型、二进制类型。
- 数据库表的基本操作：创建数据库表、查看数据库表、修改数据库表和删除数据库表。

项目 3

操作数据记录

项目概述

旅客在航空购票系统购票时，需要注册并提交个人信息，已注册的会员可以对自己的基本信息进行修改。管理员需要核实用户信息，删除非法用户，添加新的航班信息，更新已有航空公司的信息，及时删除停飞的航班记录，处理用户订单。旅客和管理员的这些操作，最终都将转化为对航空售票系统数据库表中的记录的插入、修改和删除操作。

素养提升

平时多关心国家大事，在设置数据库主题和数据内容时，可以多选用正能量元素，比如庆祝中国共产党成立100周年建立党史数据库，感动中国人物素材库，奥运会中国奖牌榜数据库等，在数据操作的过程中增强文化自信。

项目目标

知识目标

（1）掌握向数据库表中添加记录的方法。

（2）掌握修改数据库表中记录的方法。

（3）掌握删除数据库表中记录的方法。

技能目标

（1）学会使用SQL命令进行数据库表记录的更新操作。

（2）学会使用图形界面管理工具进行数据库表记录的更新操作。

素质目标

通过本项目的学习，使学生掌握数据库表中数据记录的插入、更新、删除等基本操作，引导学生注重细节和规范，用心掌握每个知识点，以精益求精的工匠精神投入到计算机专业知识和技能的学习中。

任务1 在数据库表中插入数据

3.1.1 使用SQL语句插入数据

3-1 插入、修改、删除数据记录

创建好数据库和数据库表之后，下一步就是向数据库表里插入数据，可以使用INSERT语句。语法格式如下：

```
INSERT [INTO] 表名 [( 字段名列表 )]
VALUES { DEFAULT | NULL | 值 }[,...n]);
```

语法说明如下：

- INTO。INSERT关键字与数据表名之间的关键字，可写可不写。
- 字段名列表。指定要插入数据的字段名，可写可不写。如果不写，则表示要向表中所有字段插入数据；若写部分字段名，则表示只为指定的字段插入数据，多个字段名之间用逗号隔开。
- { DEFAULT | NULL | 值 }。用花括号标注的多个选项，表示必须选择其中之一。

DEFAULT：为某字段插入指定的默认值。

NULL：为某字段插入空值。

值：为某字段插入一个具有数据值的变量或表达式。

注意：向CHAR、VARCHAR、DATE类型的字段插入数据时，数据值要使用英文半角状态下的单引号标注。

1. 向数据库表中插入单条记录

【例3-1】 在"航空公司表（aircompany）"中插入一条数据。

SQL语句和执行结果如下：

```
mysql> INSERT INTO aircompany(a_id,c_name,address,hotLine) VALUES (1,'兖州航空','山东金乡A区278号','0536-1234567');
Query OK, 1 row affected (0.01 sec)
```

注意：使用INSERT语句为部分字段添加数据时，必须要在表名后写明为哪些字段添加数据。表名后的字段名顺序可以与其在表中定义的顺序不一致，只需要与VALUE中的值的顺序一致即可。

2. 向数据库表中插入多条记录

有的时候，需要一次向表中插入多条记录，MySQL提供了使用一条INSERT语句同时添加多条记录的功能。语法格式如下：

```
INSERT [INTO] 表名 [( 字段名列表 )]
VALUES ( 值列表 ),
       ( 值列表 ),
       .....
       ( 值列表 );
```

3.1.2 使用图形界面管理工具插入数据

在 Navicat 中，选择 threekingdomsair 数据库并进入“表”对话框，双击“ aircompany”数据表将其打开，进入“ aircompany”的数据编辑对话框，单击左下角的“ +”按钮，将会增加一条空白记录，将数据“2，豫州航空，安徽亳州 A 区 2550 号，0551-1234567”对应地输入各个栏。确认数据后，单击左下角的“√”按钮确认。

【例 3 − 2】 在“航空公司表（aircompany）”中插入一条数据，如图 3 − 1 所示。

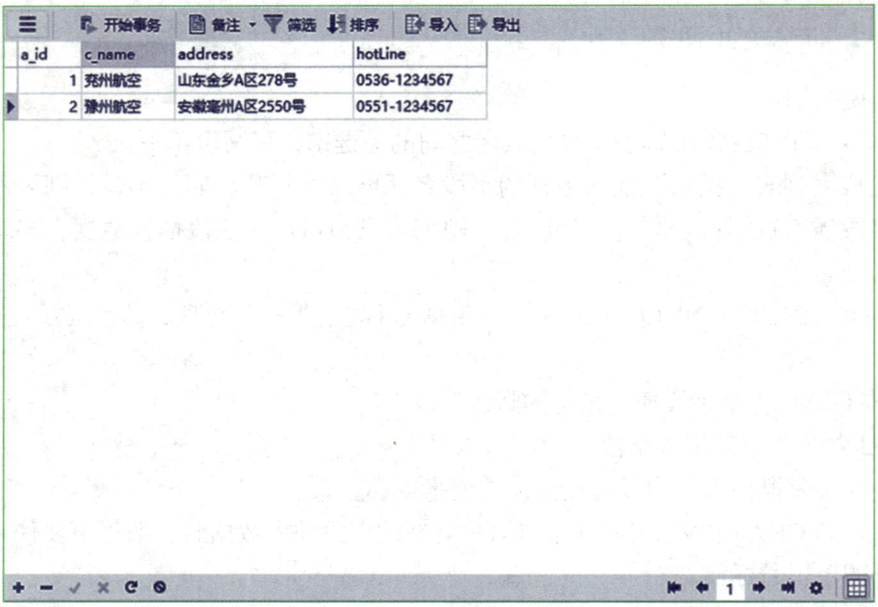

图 3 − 1　插入数据

任务 2　在数据库表中修改数据

3.2.1 使用 SQL 语句修改数据

要修改表中的数据，可以使用 UPDATE 语句。UPDATE 可以用来修改单个表，也可以修改多个表。

单表修改语法格式如下：

```
UPDATE [IGNORE] 表名 SET 列名 1= 表达式 1[，列名 2= 表达式 2…][WHERE 条件 ]
```

语法说明如下：

- SET 子句。根据 WHERE 子句中指定的条件对符合条件的数据行进行修改。若语句中不设定 WHERE 子句，则更新所有行。
- 列名 1、列名 2……是要修改列值的列名，表达式 1、表达式 2……可以是常量、变量或表达式。可以同时修改所在数据行的多个列值，中间用逗号隔开。

多表修改语法格式如下：

```
UPDATE[IGNORE] 表名列表 SET 列名 1= 表达式 1[，列名 2= 表达式 2...] [WHERE 条件 ]
```

语法说明如下：

● 表名列表。包含了多个表的联合，各表之间用逗号隔开。多表修改语法的其他部分与单表修改语法相同。

【例 3－3】 把“航空公司表（aircompany）”中字段 a_id 为 2 的“豫州航空”改成“青州航空”。

SQL 语句和执行结果如下：

```
mysql> UPDATE aircompany SET c_name=' 青州航空 ' WHERE a_id=2;
Query OK, 1 row affected (0.01 sec)
Rows matched: 1  Changed: 1  Warnings: 0
```

3.2.2 使用图形界面管理工具修改数据

直接进入数据表的数据编辑对话框，将光标定位在要更新的数据处，修改后单击左下角的“√”按钮确认。

【例 3－4】 把“航空公司表（aircompany）”中字段 a_id 为 2 的“豫州航空”改成“青州航空”，如图 3－2 所示。

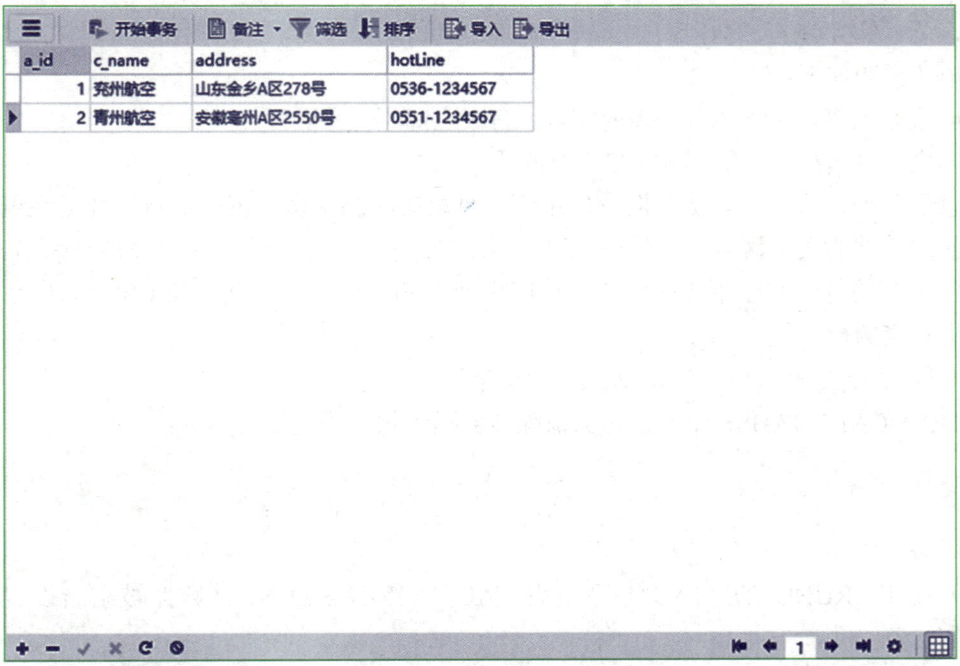

a_id	c_name	address	hotLine
1	兖州航空	山东金乡A区278号	0536-1234567
2	青州航空	安徽亳州A区2550号	0551-1234567

图 3－2　修改数据

任务 3　在数据库表中删除数据

3.3.1 使用 SQL 语句删除数据

1. 使用 DELETE 语句删除数据

使用 DELETE 语句从单个表中删除行。

单表删除语法格式如下：

```
DELETE [IGNORE] FROM 表名 [WHERE 条件 ]
```

语法说明如下：

- FROM 子句。用于说明从何处删除数据，“表名”为要删除数据的表名。
- WHERE 子句。“条件”中的内容为指定的删除条件。若省略 WHERE 子句则删除该表的所有行。

多表删除语法格式如下：

```
DELETE [IGNORE]  表名 1[.*][，表名 2[.*]...]
FROM  表名列表
[WHERE  条件 ]
```

或：

```
DELETE[IGNORE]
FROM  表名 1[.*][，表名 2[.*]...]
USING  表名列表
[WHERE  条件 ]
```

语法说明如下：

- 表名列表。包含了多个表的联合，各表之间用逗号隔开。

多表删除语法的其他部分与单表删除语法相同。

以上两种语法只是写法不同，作用都是可以同时删除多个表中的行，并且在删除时可以使用其他的表来搜索要删除的记录。对于第 1 种语法，只删除列于 FROM 子句之前的表中对应的行。对于第 2 种语法，只删除列于 FROM 子句之中（在 USING 子句之前）的表中对应的行。

2. 使用 TRUNCATE TABLE 语句删除表数据

TRUNCATE TABLE 语句也称为清除表数据语句，语法格式如下：

```
TRUNCATE  TABLE  表名
```

语法说明如下：

- 使用 TRUNCATE TABLE 命令后，AUTO_INCREMENT 计数器被重新设置为该列的初始值。
- 对于参与了索引和视图的表，不能使用 TRUNCATETABLE 删除数据，而应使用 DELETE 语句。

TRUNCATE TABLE 在功能上与不带 WHERE 子句的 DELETE 语句相同。如 TRUNCATE TABLE Book; 与 DELETE FROM Book; 一样，二者均删除 Book 表中的全部行。但 TRUNCATE TABLE 比 DELETE 速度快，且使用的系统和事务日志资源少。这是因为 DELETE 语句每次删除一行，都在事务日志中为所删除的行记录一项，而 TRUNCATETABLE 通过释放存储表数据所用的数据页来删除数据，并且只在事务日志中记录释放的页。

由于 TRUNCATE TABLE 语句会删除表中的所有数据，且无法恢复，因此在使用时必须十分谨慎。

【例 3-5】 把“航空公司表（aircompany）”中字段 a_id 为 2 的数据删除。

SQL 语句和执行结果如下：

```
mysql> DELETE FROM aircompany WHERE a_id=2;
Query OK, 1 row affected (0.01 sec)
```

3.3.2 使用图形界面管理工具删除数据

直接进入数据表的数据编辑对话框，将光标定位在要删除的数据处，或者拖选多条记录，然后在其上右击，在弹出的快捷菜单中选择“删除记录”命令，弹出“确认删除”对话框，提示“你确定要删除几条记录吗”，如果确定删除则单击“删除几条记录”按钮，选择的记录将会被删除。

【例 3-6】 把“航空公司表（aircompany）”中字段 a_id 为 2 的数据记录删除，如图 3-3 所示。

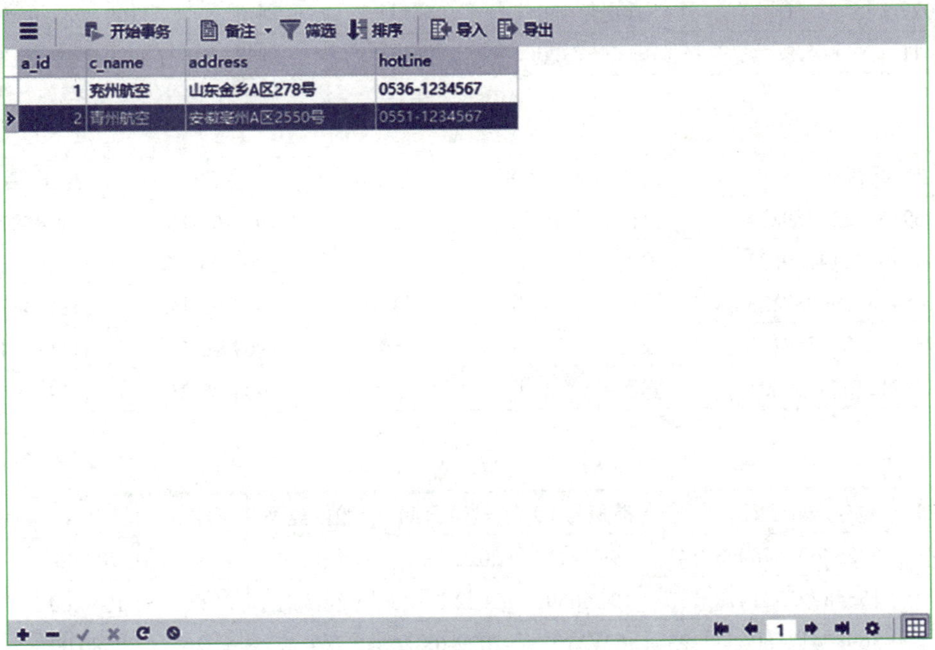

图 3-3 删除数据

项目实践

1. 实践目标

（1）学会使用 SQL 命令进行数据的录入、修改和删除操作。

（2）学会使用 MySQL 图形界面管理工具进行数据的录入、修改和删除操作。

2. 实践内容

（1）使用图形界面管理工具为 threekingdomsair 数据库中的 5 个数据库表添加数据，具体数据记录内容详见表 3-1 至表 3-5。

表 3－1　航空公司表（aircompany）

航空公司 ID	航空公司	航空公司地址	航空公司热线
1	兖州航空	山东金乡 A 区 278 号	0536-1234567
4	凉州航空	甘肃武威 A 区 7 号	931-1234567
5	荆州航空	湖南汉寿 A 区 2033 号	0736-1234567
6	汉中航空	陕西汉中 A 区 22 号	4001234567
7	夷陵航空	湖北宜都 A 区 80 号	027-1234567
8	南中航空	四川 A 区四段六号	0816-1234567
9	青州航空	山东淄博市 A 区 5746 号	4001234568

表 3－2　航班时刻表（flight）

航班号 ID	航空公司 ID	飞机型号	起飞地点	到达地点	公里数	到达时间
3U8962	8	蜀国空客 320	兖州	豫州	2800	11:35:00
9C6859	1	吴国波音 738	汉中	南中	1873	11:51:00
9C7027	1	吴国波音 738	凉州	荆州	1100	08:06:00
9C7411	8	蜀国空客 320	青州	幽州	2080	21:30:00

表 3－3　乘客表（passenger）

乘客 ID	姓名	性别	年龄	生日	电话
123698547852369874	曹操	男	65	1958-05-18	11124597177
156487953214789632	关羽	男	58	1965-06-25	11159595188
321654987456987123	周瑜	男	35	1988-08-17	11196439458
369874125896547123	张飞	男	54	1969-06-14	11113914658
456987123654789321	曹丕	男	39	1984-08-27	11146104787

表 3－4　订单表（orders）

订单 ID	乘客 ID	航班号 ID	航班日期	舱位类型	座位号	价格	登机口
1	982536014789632541	9C7411	2022-08-26	经济舱	8B	780.00	3
2	156487953214789632	9C6859	2022-08-26	经济舱	6E	1050.00	2
3	369874125896547123	CW3101	2022-08-26	商务舱	2A	2680.00	6
11	785463219874563214	CZ3132	2022-08-26	经济舱	12E	1250.00	5
12	123698547852369874	NS3223	2022-08-26	经济舱	9C	760.00	5

表 3－5　座位表（seat）

座位 ID	航班号 ID	航班日期	登机口	座位数	已售座位数	座位全价
1	9C8643	2022-06-21	头等舱	4	4	2600.00
2	9C8643	2022-06-21	商务舱	8	8	2200.00
3	9C8643	2022-06-21	经济舱	172	172	1610.00
6	NS3223	2022-06-21	头等舱 1	2	2	2900.00
7	NS3223	2022-06-21	商务舱	6	6	2500.00

（2）使用 SQL 命令在“航空公司表（aircompany）”中插入数据。

```
mysql> INSERT INTO aircompany VALUES (1, ' 兖州航空 ', ' 山东金乡 A 区 278 号 ', '0536-1234567');
Query OK, 1 row affected (0.01 sec)
mysql> INSERT INTO aircompany VALUES (4, ' 凉州航空 ', ' 甘肃武威 A 区 7 号 ', '931-1234567');
Query OK, 1 row affected (0.01 sec)
mysql> INSERT INTO aircompany VALUES (5, ' 荆州航空 ', ' 湖南汉寿 A 区 2033 号 ', '0736-1234567');
Query OK, 1 row affected (0.01 sec)
mysql> INSERT INTO aircompany VALUES (6, ' 汉中航空 ', ' 陕西汉中 A 区 22 号 ', '4001234567');
Query OK, 1 row affected (0.01 sec)
mysql> INSERT INTO aircompany VALUES (7, ' 夷陵航空 ', ' 湖北宜都 A 区 80 号 ', '027-1234567');
Query OK, 1 row affected (0.01 sec)
mysql> INSERT INTO aircompany VALUES (8, ' 南中航空 ', ' 四川 A 区四段六号 ', '0816-1234567');
Query OK, 1 row affected (0.01 sec)
mysql> INSERT INTO aircompany VALUES (9, ' 青州航空 ', ' 山东淄博市 A 区 5746 号 ', '4001234568');
Query OK, 1 row affected (0.01 sec)
```

（3）使用 SQL 命令在“航班时刻表（flight）”中插入数据。

```
mysql> INSERT INTO flight VALUES ('3U8962', '8', ' 蜀国空客 320', ' 兖州 ', ' 豫州 ', '2800', '11:35:00');
Query OK, 1 row affected (0.01 sec)
mysql> INSERT INTO flight VALUES ('9C6859', '1', ' 吴国波音 738', ' 汉中 ', ' 南中 ', '1873', '11:51:00');
Query OK, 1 row affected (0.01 sec)
mysql> INSERT INTO flight VALUES ('9C7027', '1', ' 吴国波音 738', ' 凉州 ', ' 荆州 ', '1100', '08:06:00');
Query OK, 1 row affected (0.01 sec)
mysql> INSERT INTO flight VALUES ('9C7411', '8', ' 蜀国空客 320', ' 青州 ', ' 幽州 ', '2080', '21:30:00');
Query OK, 1 row affected (0.01 sec)
```

（4）使用 SQL 命令在“乘客表（passenger）”中插入数据。

```
mysql> INSERT INTO passenger VALUES ('123698547852369874', ' 曹操 ', ' 男 ', '65', '1958-05-18', '11124597177');
Query OK, 1 row affected (0.01 sec)
mysql> INSERT INTO passenger VALUES ('156487953214789632', ' 关羽 ', ' 男 ', '58', '1965-06-25', '11159595188');
Query OK, 1 row affected (0.01 sec)
mysql> INSERT INTO passenger VALUES ('321654987456987123', ' 周瑜 ', ' 男 ', '35', '1988-08-17', '11196439458');
Query OK, 1 row affected (0.01 sec)
mysql> INSERT INTO passenger VALUES ('369874125896547123', ' 张飞 ', ' 男 ', '54', '1969-06-14', '11113914658');
Query OK, 1 row affected (0.01 sec)
mysql> INSERT INTO passenger VALUES ('456987123654789321', ' 曹丕 ', ' 男 ', '39', '1984-08-27', '11146104787');
Query OK, 1 row affected (0.01 sec)
```

（5）使用 SQL 命令在“订单表（orders）”中插入数据。

```
mysql> INSERT INTO orders VALUES (1, '982536014789632541', '9C7411', '2022-08-26', ' 经济舱 ', '8B',
'780.00', '3');
Query OK, 1 row affected (0.01 sec)
mysql> INSERT INTO orders VALUES (2, '156487953214789632', '9C6859', '2022-08-26', ' 经济舱 ', '6E',
```

```
'1050.00', '2');
Query OK, 1 row affected (0.01 sec)
mysql> INSERT INTO orders VALUES (3, '369874125896547123', 'CW3101', '2022-08-26', ' 商务舱 ', '2A',
'2680.00', '6');
Query OK, 1 row affected (0.01 sec)
mysql> INSERT INTO orders VALUES (11, '785463219874563214', 'CZ3132', '2022-08-26', ' 经济舱 ', '12E',
'1250.00', '5');
Query OK, 1 row affected (0.01 sec)
mysql> INSERT INTO orders VALUES (12, '123698547852369874', 'NS3223', '2022-08-26', ' 经济舱 ', '9C',
'760.00', '5');
Query OK, 1 row affected (0.01 sec)
```

（6）使用 SQL 命令在“座位表（seat)”中插入数据。

```
mysql> INSERT INTO seat VALUES (1, '9C8643', '2022-06-21', ' 头等舱 ', '4', '4', '2600.00');
Query OK, 1 row affected (0.01 sec)
mysql> INSERT INTO seat VALUES (2, '9C8643', '2022-06-21', ' 商务舱 ', '8', '8', '2200.00');
Query OK, 1 row affected (0.01 sec)
mysql> INSERT INTO seat VALUES (3, '9C8643', '2022-06-21', ' 经济舱 ', '172', '172', '1610.00');
Query OK, 1 row affected (0.01 sec)
mysql> INSERT INTO seat VALUES (6, 'NS3223', '2022-06-21', ' 头等舱 ', '2', '2', '2900.00');
Query OK, 1 row affected (0.01 sec)
mysql> INSERT INTO seat VALUES (7, 'NS3223', '2022-06-21', ' 商务舱 ', '6', '6', '2500.00');
Query OK, 1 row affected (0.01 sec)
```

（7）使用 SQL 命令将“航班时刻表（flight)”中航班号为 '3U8962' 的飞机型号改为 ' 蜀国空客 330'。

```
mysql> UPDATE flight SET model=' 蜀国空客 330' WHERE f_id='3U8962';
Query OK, 1 row affected (0.00 sec)
Rows matched: 1 Changed: 1 Warnings: 0
```

（8）使用 SQL 命令修改“订单表（orders)”中乘客 id 为 '982536014789632541' 并且航班号为 '9C7411' 的航班日期改为 '2023-08-26'。

```
mysql> UPDATE orders SET flightDate='2023-08-26' WHERE p_id='982536014789632541' AND f_
id='9C7411';
Query OK, 1 row affected (0.00 sec)
Rows matched: 1 Changed: 1 Warnings: 0
```

（9）使用 SQL 命令将“乘客表（passenger)”中乘客 id 为 '123698547852369874' 的乘客的姓名改为 ' 玄德 '，年龄改为 65，电话改为 '11107582870'。

```
mysql> UPDATE passenger SET name=' 玄德 ',age=65,tel='11107582870' WHERE p_id=
'123698547852369874';
Query OK, 1 row affected (0.00 sec)
```

```
Rows matched: 1  Changed: 1  Warnings: 0
```

（10）使用 SQL 命令修改“座位表（seat)”中航班号为 '9C8643'，座位类型为“头等舱”的价格为 3000。

```
mysql> UPDATE seat SET fullPrice='3000' WHERE f_id='9C8643' AND grade=' 头等舱 ' ;
Query OK, 1 row affected (0.00 sec)
Rows matched: 1  Changed: 1  Warnings: 0
```

（11）使用 SQL 命令删除“航班时刻表（flight)”中的数据。

```
mysql> DELETE FROM flight;
Query OK, 4 rows affected (0.00 sec)
```

（12）使用 SQL 命令删除“座位表（seat)”中航班号为 NS3223 的数据。

```
mysql> DELETE FROM  seat WHERE f_id='NS3223';
Query OK, 2 rows affected (0.01 sec)
```

（13）使用 SQL 命令删除“乘客表（passenger)”中姓名为“周瑜”的数据。

```
mysql> DELETE FROM passenger WHERE name=' 周瑜 ';
Query OK, 1 row affected (0.00 sec)
```

（14）使用 SQL 命令删除“订单表（orders)”中航班号为“9C7411”，舱位类型为“经济舱”的数据。

```
mysql> DELETE FROM orders WHERE f_id='9C7411' AND grade=' 经济舱 ';
Query OK, 1 row affected (0.01 sec)
```

项目评价

知识掌握情况评分（30 分）				
序号	知识考核点	教师评价	配分	得分
1	数据的录入		10	
2	数据的修改		10	
3	数据的删除		10	
任务完成情况评分（70 分）				
序号	操作能力考核点	教师评价	配分	得分
1	使用两种方式进行数据的录入		30	
2	使用两种方式进行数据的修改		20	
3	使用两种方式进行数据的删除		20	

续表

违纪扣分（20 分）				
序号	违纪考查点	教师评价	分数	扣分
1	课上吃东西		5	
2	课上打游戏		5	
3	课上打电话		5	
4	其他扰乱课堂秩序的行为		5	

项目小结

- 可使用 SQL 语句对数据库表中的记录进行的操作：添加记录、修改记录、删除记录。
- 添加记录：使用关键字 INSERT。
- 修改记录：使用关键字 UPDATE。
- 删除记录：使用关键字 DELETE。
- 清空数据库表：使用关键字 DETELE 或者 TRUNCATE。
- 数据库表的基本操作：创建数据库表、查看数据库表、修改数据库表和删除数据库表。

项目 4

使用数据查询

项目概述

旅客面对航空售票系统中的众多航班信息时，通常会先根据航空公司 ID 号、起飞时间等进行筛选，再购票；乘务员需要掌握旅客订餐详情，以便及时送达；系统管理员为了实时掌握航班飞行情况，需要对航空公司相关信息、旅客相关信息进行分类检索和统计。本项目将讲解如何从航空售票系统数据库中迅速且方便地查询、分类检索和统计数据。

素养提升

建立数据库后，进行的更新和查询操作仅仅是数据库应用的开始，数据库系统功能强大，同学们不要浅尝辄止，要用于探索，不怕困难，在今后的学习和工作中始终保持实干精神和创新精神。

项目目标

知识目标

（1）了解数据查询的基本格式。

（2）掌握单表查询的方法。

（3）掌握多表查询的方法。

技能目标

（1）学会应用 SELECT 语句进行简单查询。

（2）学会应用 SELECT 语句对多表进行连接、联合和嵌套查询。

（3）学会使用 MySQL 常用图形界面管理工具。

素质目标

通过本项目的学习，使学生掌握数据库查询的各种语法规则，培养学生善于发现问题和解决问题的能力，并在解决问题的过程中体会团结协作、合作共赢的快乐。

任务 1 简单数据查询

数据库的价值是通过数据查询来体现的，数据查询是数据库的核心功能。简单数据

4-1 查询语句基本语法

查询主要是单表查询，单表查询数据库是为更方便有效地管理信息而存在的，使用数据库和表的主要目的是存储数据，以便在需要时进行检索、统计或组织输出。通过 SQL 语句可以从表或视图中迅速且方便地检索数据。

4.1.1 SELECT 语句

SQL 的 SELECT 语句可以实现对表的选择、投影及连接操作，即可以使用 SELECT 语句在一个或多个表中根据需要从数据库中选出匹配的行和列，然后生成一个临时表。

语法格式如下：

```
SELECT [ALL I DISTINCT] 输出列表达式，...
    [FROM 表名 1[, 表名 2] ... ]                    /*FROM 子句 */
    [WHERE 条件 ]                                   /*WHERE 子句 */
    [GROUP BY { 列名 | 表达式 | 列编号 }
    [ASC | DESC] , ...                              /*GROUP BY 子句 */
    [HAVING 条件 ]                                  /*HAVING 子句 */
    [ORDER BY { 列名 | 表达式 | 列编号 }            /*ORDER BY 子句 */
    [ASC I DESC] , ... ]
    [LIMIT {[ 偏移量 , ] 行数 | 列数 OFFSET 偏移量 }]   /*L IMIT 子句 */
```

SELECT 语句是 SQL 的核心。SELECT 语句功能强大，有很多子句，所有被使用的子句必须按语法说明的顺序严格排序。例如，一个 HAVING 子句必须位于 GROUP BY 子句之后、ORDER BY 子句之前。

下面逐一介绍 SELECT 语句中包含的各个子句。

4.1.2 选择列

1. 选择指定的列

从 SELECT 语句的基本语法可以看出，最简单的 SELECT 语句如下：

```
SELECT 表达式
```

输出列表达式可以是 MySQL 所支持的任何运算的表达式，我们可以利用这个最简单的 SELECT 语句，进行类似“1+1”的运算：

```
mysql> select 1+1;
+-----+
| 1+1 |
|    2 |
+-----+
```

若 SELECT 语句的表达式是表中的字段名变量，则字段名变量之间要以逗号分隔。

【例 4-1】 查询“航空公司表（aircompany）”中航空公司的名称和地址。

SQL 语句和执行结果如下：

```
mysql> SELECT companyName, address FROM aircompany;
```

```
+---------------+---------------------------------+
| companyName   | address                         |
+---------------+---------------------------------+
| 兖州航空      | 山东金乡 A 区 278 号            |
| 豫州航空      | 安徽亳州 A 区 2550 号           |
| 幽州航空      | 荆州大兴 A 区 30 号             |
| 凉州航空      | 甘肃武威 A 区 7 号              |
| 荆州航空      | 湖南汉寿 A 区 2033 号           |
| 汉中航空      | 陕西汉中 A 区 22 号             |
| 夷陵航空      | 湖北宜都 A 区 80 号             |
| 南中航空      | 四川 A 区四段六号               |
| 青州航空      | 山东淄博市 A 区 5746 号         |
+---------------+---------------------------------+
9 rows in set (0.00 sec)
```

2. 消除结果集中的重复行

对表只选择某些列时，可能会出现重复行。例如，若对 Bookstore 数据库的 Book 表只选择图书类别和出版社，则会出现多行重复的情况。可以使用 DISTINCT 关键字消除结果集中的重复行。语法格式如下：

```
SELECT DISTINCT 列名 1[, 列名 2…]
```

其含义是对结果集中的重复行只选择一行，保证行的唯一性。

【例 4－2】 查询“航班时刻表（flight）”中的起飞地点信息，要求返回的信息不重复。

SQL 语句和执行结果如下：

```
mysql> SELECT DISTINCT fromCity FROM flight;
+-----------+
| fromCity |
+-----------+
| 兖州      |
| 汉中      |
| 凉州      |
| 青州      |
| 荆州      |
| 夷陵      |
| 司州      |
| 徐州      |
| 冀州      |
+-----------+
9 rows in set (0.00 sec)
```

3. 定义列别名

希望查询结果中的列使用自定义的列标题时，可以在列名之后使用 AS 子句更改查询结果的列名。语法格式如下：

```
SELECT 列名 [AS] 别名
```

当自定义的列标题中含有空格时，必须使用引号将标题括起来。

注意：不允许在 WHERE 子句中使用列别名，这是因为在执行 WHERE 代码时可能尚未确定列值。

【例 4－3】 查询“航空公司表（aircompany）”中的航空公司 ID 和航空公司名称，并将结果中各列的标题分别指定为航空公司 ID 和航空公司名称。

SQL 语句和执行结果如下：

```
mysql> SELECT a_id AS '航空公司 ID',c_name AS '航空公司名称' FROM aircompany;
+------------------+---------------------+
| 航空公司 ID      | 航空公司名称        |
+------------------+---------------------+
|          1       | 兖州航空            |
|          2       | 豫州航空            |
|          3       | 幽州航空            |
|          4       | 凉州航空            |
|          5       | 荆州航空            |
|          6       | 汉中航空            |
|          7       | 夷陵航空            |
|          8       | 南中航空            |
|          9       | 青州航空            |
+------------------+---------------------+
9 rows in set (0.00 sec)
```

4. 计算列值

使用 SELECT 对列进行查询时，可以在结果中输出对列值计算后的值，即 SELECT 子句可使用表达式作为结果。

【例 4－4】 按照往返路程计算，显示各个航班的往返公里数。

SQL 语句和执行结果如下：

```
mysql> SELECT f_id,fromCity,toCity,mileage*2 FROM flight;
+----------+-----------+--------+-------------+
| f_id     | fromCity  | toCity | mileage*2   |
+----------+-----------+--------+-------------+
| 3U8962   | 兖州      | 豫州   |    5600     |
| 9C6859   | 汉中      | 南中   |    3746     |
| 9C7027   | 凉州      | 荆州   |    2200     |
| 9C7411   | 青州      | 幽州   |    4160     |
| 9C8643   | 兖州      | 豫州   |    5600     |
| 9C8673   | 凉州      | 荆州   |    2200     |
| 9C8899   | 青州      | 幽州   |    4160     |
| 9C8975   | 凉州      | 荆州   |    2200     |
| CA2733   | 荆州      | 兖州   |    2260     |
```

```
| CW3101 | 夷陵     | 兖州 |     3396    |
| CZ3109 | 荆州     | 兖州 |     2260    |
| CZ3132 | 司州     | 青州 |     5560    |
| CZ3907 | 荆州     | 兖州 |     2260    |
| GX2039 | 青州     | 幽州 |     4160    |
| JD5303 | 徐州     | 青州 |     4484    |
| KN2336 | 冀州     | 扬州 |     2208    |
| KN2397 | 汉中     | 南中 |     3746    |
| NS3223 | 兖州     | 豫州 |     5600    |
| NS3235 | 徐州     | 青州 |     4484    |
| NS3267 | 汉中     | 南中 |     3746    |
| NS3287 | 徐州     | 青州 |     4484    |
| NS3301 | 兖州     | 豫州 |     5600    |
| NS3507 | 凉州     | 荆州 |     2200    |
| PN6411 | 汉中     | 南中 |     3746    |
| WL3121 | 夷陵     | 兖州 |     3396    |
| WS3121 | 夷陵     | 兖州 |     3396    |
+----------+-----------+--------+------------+
26 rows in set (0.00 sec)
```

5. 替换查询结果中的数据

在对表进行查询时，有时希望得到的并不是具体数字。例如，在 Book 表中查询库存时，希望知道的是库存的总体情况而不是具体库存数量，这时就可以用库存情况来替换具体的库存数。

要替换查询结果中的数据，可使用查询中的 CASE 表达式。语法格式如下：

```
CASE
WHEN 条件 1 THEN 表达式 1
WHEN 条件 2 THEN 表达式 2
……
ELSE 表达式 n
END
```

语法说明如下：

CASE 表达式以 CASE 开始，以 END 结束。MySQL 从条件 1 开始判断，条件 1 成立则输出表达式 1，结束；若条件 1 不成立，则判断条件 2，若条件 2 成立，则输出表达式 2，结束，以此类推。如果条件都不成立，则输出表达式 n。

4.1.3 聚合函数

SELECT 子句的表达式中可以包含聚合函数（aggregation function）。聚合函数常用于对一组值进行计算，然后返回单个值。除 COUNT() 函数外，聚合函数都会忽略空值。聚合函数通常与 GROUP BY 子句一起使用。若 SELECT 语句中有一个 GROUP BY 子句，则该聚合函数对所有列起作用；若没有，则 SELECT 语句只产生一行作为结果。常用的聚合函数见表 4－1。

表 4－1　常用的聚合函数

函数名	说明
COUNT	求组中项数，返回 int 类型整数
MAX	求最大值
MIN	求最小值
SUM	返回表达式中所有值的和
AVG	求组中值的平均值

1. COUNT() 函数

聚合函数中最常用的是 COUNT() 函数，用于统计表中满足条件的行数或总行数，返回 SELECT 语句检索到的行中非 NULL 值的数目；若找不到匹配的行，则返回 0。COUNT() 函数的格式如下：

```
COUNT ({ [ ALL | DISTINCT ] 表达式 } |*)
```

语法说明如下：

- 表达式。可以是常量、列、函数或表达式，其数据类型是除 blob 或 text 之外的任何类型。
- ALL | DISTINCT。ALL 表示对所有值进行运算，DISTINCT 表示去除重复值，默认为 ALL。
- 使用 COUNT(*) 时将返回检索行的总数目，不论其是否包含 NULL 值。

【例 4－5】 查询已售罄的座位数量。

SQL 语句和执行结果如下：

```
mysql> SELECT COUNT(s_id) AS '已售罄座位数' FROM seat WHERE availableSeats IS NULL;
+-------------------------+
| 已售罄座位数            |
+-------------------------+
|                       4 |
+-------------------------+
1 row in set (0.00 sec)
```

2. SUM() 函数和 AVG() 函数

SUM() 函数和 AVG() 函数分别用于求表达式中所有值项的总和与平均值。SUM() 函数和 AVG() 函数的格式如下：

SUM/AVG([ALL|DISTINCT] 表达式）

语法说明如下：

- 表达式。可以是常量、列、函数或表达式，其数据类型只能是数值型数据。
- SUM() 函数和 AVG() 函数的语法与 COUNT() 函数相同。

【例 4－6】 查询“座位表（seat）”中“机舱类型”为“经济舱”的座位价格总和。

SQL 语句和执行结果如下：

```
mysql> SELECT SUM(fullPrice) AS '价格总和' FROM seat WHERE grade = '经济舱';
+--------------+
| 价格总和     |
+--------------+
|    37540.00 |
+--------------+
1 row in set (0.00 sec)
```

【例 4－7】 查询“座位表（seat）”中“机舱类型”为“经济舱”的座位价格平均值。

SQL 语句和执行结果如下：

```
mysql> SELECT AVG(fullPrice) AS '价格平均值' FROM seat WHERE grade = '经济舱';
+------------------+
| 价格平均值       |
+------------------+
|    1564.166667 |
+------------------+
1 row in set (0.00 sec)
```

3. MAX() 函数和 MIN() 函数

MAX() 函数和 MIN() 函数分别用于求表达式中所有值项的最大值与最小值。MAX() 函数和 MIN() 函数的语法格式如下：

```
MAX | MIN ([ ALL I DISTINCT ] 表达式)
```

语法说明如下：

- 当给定列上只有空值或检索出的中间结果为空时，MAX() 函数和 MIN() 函数的值也为空。
- MAX() 函数和 MIN() 函数的语法与 COUNT() 函数相同。

【例 4－8】 查询“座位表（seat）”中“机舱类型”为“经济舱”的座位价格最大值。

SQL 语句和执行结果如下：

```
mysql> SELECT MAX(fullPrice) AS '最大价格' FROM seat WHERE grade = '经济舱';
+--------------+
| 最大价格     |
+--------------+
|     1900.00 |
+--------------+
1 row in set (0.00 sec)
```

【例 4－9】 查询“座位表（seat）”中“机舱类型”为“经济舱”的座位价格最小值。

SQL 语句和执行结果如下：

```
mysql> SELECT MIN(fullPrice) AS '最小价格' FROM seat WHERE grade = '经济舱';
```

```
+---------------+
| 最小价格      |
+---------------+
|       1080.00 |
+---------------+
1 row in set (0.00 sec)
```

4.1.4 WHERE 子句

学习了 WHERE 子句的用法后，本节将详细介绍 WHERE 子句中查询条件的构成。WHERE 子句必须紧跟在 FROM 子句之后；在 WHERE 子句中，使用一个条件从 FROM 子句的中间结果中选取行。WHERE 子句的语法格式如下：

```
WHERE < 判定运算 >
```

判定运算结果为 TRUE、FALSE 或 UNKNOWN。

语法格式如下：

```
表达式 { = I < I <= I > I >= I <=> I <> I != } 表达式          /* 比较运算 */
| 表达式 [ NOT ] LIKE 表达式                                   /*LIKE 运算符 */
| 表达式 [ NOT] BETWEEN 表达式 1 AND 表达式 2                  /* 指定范围 */
| 表达式 IS [ NOT ] NULL                                       /* 是否空值判断 */
| 表达式 [NOT] IN( 子查询 | 表达式 1 [,... 表达式 n] )          /*IN 子句 */
```

WHERE 子句会根据条件对 FROM 子句的中间结果中的行进行逐行判断，当条件为 TRUE 时，这一行就被包含到 WHERE 子句的中间结果集中。

【例 4－10】 查询“乘客表（passenger）”中所有男乘客的信息。

SQL 语句和执行结果如下：

```
mysql> SELECT * FROM passenger WHERE genger = ' 男 ';
+--------------------+--------+--------+------------+-------------+
| p_id               | name   | genger | birthday   | tel         |
+--------------------+--------+--------+------------+-------------+
| 123698547852369874 | 曹操   | 男     | 1958-05-18 | 11124597177 |
| 156487953214789632 | 关羽   | 男     | 1965-06-25 | 11159595188 |
| 321654987456987123 | 周瑜   | 男     | 1988-08-17 | 11196439458 |
| 369874125896547123 | 张飞   | 男     | 1969-06-14 | 11113914658 |
| 456987123654789321 | 曹丕   | 男     | 1984-08-27 | 11146104787 |
| 785463219874563214 | 赵云   | 男     | 1962-06-02 | 11126175408 |
| 852369741258963214 | 王营   | 男     | 1973-07-23 | 11198431808 |
| 982536014789632541 | 刘备   | 男     | 1961-10-20 | 11107582869 |
| 987654321456123789 | 孙权   | 男     | 1953-05-23 | 11124638630 |
+--------------------+--------+--------+------------+-------------+
9 rows in set (0.00 sec)
```

在 SQL 中，返回逻辑值（TRUE 或 FALSE）的运算符或关键字都可称为谓词；判定运算包括比较运算、空值比较、范围比较、模式匹配和子查询。

1. 比较运算

比较运算符用于比较两个表达式值，MySQL 支持的比较运算符有：=（等于）、<（小于）、<=（小于等于）、>（大于）、>=（大于等于）、<=>（相等或都等于空）、<>（不等于）、=！（不等于）。

语法格式如下：

```
表达式 { = I < I <= I > I >= I <=> I <> I != } 表达式
```

语法说明如下：

- 表达式。除 text 和 blob 类型外的表达式。

当两个表达式值均不为空值（NULL）时，除了“<=>”运算符，其他比较运算均返回逻辑值 TRUE（真）或 FALSE（假）；而当两个表达式值中有一个为空值或都为空值时，将返回 UNKNOWN。

【例 4－11】 查询“航班时刻表（flight）”中公里数小于 2000 的航班号 ID、航空公司 ID 和飞机型号。

SQL 语句和执行结果如下：

```
mysql> SELECT f_id,a_id,mileage FROM flight WHERE mileage < 2000;
+-----------+------+---------+
| f_id      | a_id | mileage |
+-----------+------+---------+
| 9C6859    |  1   |  1873   |
| 9C7027    |  1   |  1100   |
| 9C8673    |  4   |  1100   |
| 9C8975    |  2   |  1100   |
| CA2733    |  7   |  1130   |
| CW3101    |  7   |  1698   |
| CZ3109    |  2   |  1130   |
| CZ3907    |  1   |  1130   |
| KN2336    |  2   |  1104   |
| KN2397    |  4   |  1873   |
| NS3267    |  4   |  1873   |
| NS3507    |  2   |  1100   |
| PN6411    |  5   |  1873   |
| WL3121    |  2   |  1698   |
| WS3121    |  1   |  1698   |
+-----------+------+---------+
15 rows in set (0.00 sec)
```

2. 空值比较

当需要判定一个表达式的值是否为空值时，使用 IS NULL 关键字。语法格式如下：

```
表达式 IS [NOT] NULL
```

若表达式的值为空值，返回 TRUE，否则返回 FALSE；当使用 NOT 时，结果刚好相反。

【例 4－12】 查询“座位表（seat）”中座位已售罄的信息（可购座位数为 null）。

SQL 语句和执行结果如下：

```
mysql> SELECT * FROM seat where availableSeats is NULL;
+-----+---------+--------------+-----------+-------+----------------+-----------+
| s_id | f_id    | flightDate   | grade     | seats | availableSeats | fullPrice  |
+-----+---------+--------------+-----------+-------+----------------+-----------+
|  15 | NS3507 | 2022-06-21 | 商务舱    |   16 |          NULL |   1580.00 |
|  17 | 9C7027 | 2022-06-21 | 头等舱    |    4 |          NULL |   2100.00 |
|  18 | 9C7027 | 2022-06-21 | 商务舱    |   12 |          NULL |   1620.00 |
|  21 | 9C8975 | 2022-06-21 | 商务舱    |   16 |          NULL |   1480.00 |
+-----+---------+--------------+-----------+-------+----------------+-----------+
4 rows in set (0.00 sec)
```

3. 范围比较

用于范围比较的关键字有两个，分别是 BETWEEN 和 IN。

当要查询的条件是某个值的范围时，可以使用 BETWEEN 关键字，该关键字用于指出查询范围。语法格式如下：

```
表达式 [NOT] BETWEEN 表达式 1 AND 表达式 2
```

语法说明如下：

若表达式的值在表达式 1 与表达式 2 之间（包括这两个值），则返回 TRUE，否则返回 FALSE；使用 NOT 时，返回值刚好相反。表达式 1 的值不能大于表达式 2 的值。

【例 4－13】 查询“乘客表（passenger）”中年龄范围为 50 ～ 70 的乘客 ID、姓名和年龄。

SQL 语句和执行结果如下：

```
mysql> SELECT p_id,name,age FROM passenger WHERE age >= 50 and age <= 70;
+--------------------------+--------+----+
| p_id                     | name   | age |
+--------------------------+--------+----+
| 123698547852369874 | 曹操   | 65 |
| 156487953214789632 | 关羽   | 58 |
| 369874125896547123 | 张飞   | 54 |
| 785463219874563214 | 赵云   | 61 |
| 852369741258963214 | 王营   | 50 |
| 982536014789632541 | 刘备   | 62 |
| 987654321456123789 | 孙权   | 70 |
+--------------------------+--------+----+
7 rows in set (0.00 sec)
```

【例 4－14】 查询“乘客表（passenger）”中年龄范围为 50 ～ 70 的乘客 ID、姓名和年龄。

SQL 语句和执行结果如下：

```
mysql> SELECT p_id,name,age FROM passenger WHERE age BETWEEN 50 AND 70;
```

```
+------------------------+--------+----+
| p_id                   | name   | age |
+------------------------+--------+----+
| 123698547852369874 | 曹操   | 65 |
| 156487953214789632 | 关羽   | 58 |
| 369874125896547123 | 张飞   | 54 |
| 785463219874563214 | 赵云   | 61 |
| 852369741258963214 | 王营   | 50 |
| 982536014789632541 | 刘备   | 62 |
| 987654321456123789 | 孙权   | 70 |
+------------------------+--------+----+
7 rows in set (0.00 sec)
```

使用 IN 关键字可以指定一个值表，值表中列出所有可能的值，当与值表中的任意一个值匹配时，即返回 TRUE，否则返回 FALSE。

语法格式如下：

```
表达式 [NOT]IN( 子查询 | 表达式 1[,... 表达式 n]
```

IN 关键字多用于表达子查询，也可以用于 OR 运算。

【例 4－15】 查询“航班时刻表（flight)”中起飞地点是“汉中”或“荆州”的航班号 ID、航空公司 ID 和起飞地点。

SQL 语句和执行结果如下：

```
mysql> SELECT f_id,a_id,fromCity FROM flight WHERE fromCity IN ('汉中','荆州');
+----------+------+-----------+
| f_id     | a_id | fromCity |
+----------+------+-----------+
| 9C6859 |   1  | 汉中      |
| CA2733 |   7  | 荆州      |
| CZ3109 |   2  | 荆州      |
| CZ3907 |   1  | 荆州      |
| KN2397 |   4  | 汉中      |
| NS3267 |   4  | 汉中      |
| PN6411 |   5  | 汉中      |
+----------+------+-----------+
7 rows in set (0.00 sec)
```

4. 模式匹配

LIKE 运算符用于指出一个字符串是否与指定的字符串相匹配，其运算对象可以是 char、varchar、text、datetime 等类型的数据，返回逻辑值 TRUE 或 FALSE。

LIKE 谓词表达式的语法格式如下：

```
表达式 [NOT]LIKE 表达式
```

使用 LIKE 进行模式匹配时，常使用特殊符号 % 和 _ 进行模糊查询。% 代表 0 个或多个字符，_ 代表单个字符。

由于 MySQL 默认不区分大小写，因此要区分大小写时需要更换字符集的校对规则。

【例 4－16】 查询“航班时刻表（flight）”中以“蜀国”开头的飞机型号的航班号 ID、航空公司 ID 和飞机型号。

SQL 语句和执行结果如下：

```
mysql> SELECT f_id,a_id,model FROM flight WHERE model LIKE '蜀国 %';
+----------+------+--------------------+
| f_id     | a_id | model              |
+----------+------+--------------------+
| 3U8962   |    8 | 蜀国空客 320        |
| 9C7411   |    8 | 蜀国空客 320        |
| 9C8643   |    2 | 蜀国空客 320        |
| CA2733   |    7 | 蜀国空客 320        |
| CW3101   |    7 | 蜀国空客 320        |
| CZ3109   |    2 | 蜀国空客 333        |
| CZ3907   |    1 | 蜀国空客 333        |
| JD5303   |    5 | 蜀国空客 320        |
| KN2336   |    2 | 蜀国空客 320        |
| NS3287   |    5 | 蜀国空客 320        |
| PN6411   |    5 | 蜀国空客 320        |
| WL3121   |    2 | 蜀国空客 520        |
| WS3121   |    1 | 蜀国空客 320        |
+----------+------+--------------------+
13 rows in set (0.00 sec)
```

【例 4－17】 查询“乘客表（passenger）”中电话号码不是以 159 开头的乘客 ID、姓名和电话。

SQL 语句和执行结果如下：

```
mysql> SELECT p_id,name,tel FROM passenger WHERE tel NOT LIKE '159%';
+--------------------------+--------+---------------+
| p_id                     | name   | tel           |
+--------------------------+--------+---------------+
| 156487953214789632 | 关羽   | 11159595188 |
| 321654987456987123 | 周瑜   | 11196439458 |
| 369874125896547123 | 张飞   | 11113914658 |
| 123698547852369874 | 曹操   | 11124597177 |
| 456987123654789321 | 曹丕   | 11146104787 |
| 741258963214785369 | 朱隽   | 11183817054 |
| 785463219874563214 | 赵云   | 11126175408 |
| 852369741258963214 | 王营   | 11198431808 |
| 982536014789632541 | 刘备   | 11107582869 |
```

```
| 987654321456123789 | 孙权   | 11124638630 |
+---------------------------+--------+----------------+
10 rows in set (0.00 sec)
```

若要查找特殊符号中的一个或全部（% 和_），需要使用一个转义字符。例如，要查找下划线_时，可以使用 ESCAPE'#' 来定义 # 为转义字符，这样，语句中在 # 后面的_就失去了其原来的特殊的意义，被视为正常的下划线_。

【例 4－18】 查询“乘客表（passenger）”中姓名包含下划线的乘客 ID、姓名和电话。

SQL 语句和执行结果如下：

```
mysql> SELECT p_id,name,tel FROM passenger WHERE name LIKE '%#_%' ESCAPE '#';
+---------------------------+----------+-----------------+
| p_id                      | name     | tel             |
+---------------------------+----------+-----------------+
| 147891236548546321 | 貂_蝉  | 11134645740 |
+---------------------------+----------+-----------------+
1 row in set (0.00 sec)
```

任务 2 复杂数据查询

4.2.1 FROM 子句

前面介绍了如何使用 SELECT 子句选择列，本小节讲解 SELECT 查询的对象（即数据源）的构成形式。SELECT 的查询对象由 FROM 子句指定。

FROM 子句的语法格式如下：

```
FROM 表名 1[ [AS] 别名 1 ] [, 表名 2[ [AS] 别名 2]]…          /* 查询表 */
| JOIN 子句                                                     /* 连接表 */
```

语法说明如下：

- 表名 1[[AS] 别名 1]。与列别名一样，可以使用 AS 选项为表指定别名。表别名主要用于相关子查询及连接查询中。若 FROM 子句指定了表别名，该 SELECT 语句中的其他子句都必须使用表别名来代替原始的表名。当同一个表在 SELECT 语句中多次被提到时，就必须使用表别名加以区分。
- JOIN 子句。将在“4.2.2 多表连接”中讲解。

FROM 子句可以用两种方式引用一个表。第 1 种方式是使用 USE 语句让一个数据库成为当前数据库，在该情况下，若在 FROM 子句中指定表名，则该表应该属于当前数据库。第 2 种方式是指定的时候在表名前加上表所属数据库的名字。例如，假设当前数据库是 dbl，现在要显示数据库 db2 里的表 tb 的内容，则使用语句：SELECT * FROM db2.tb;。

在 SELECT 关键字后指定列名的时候，也可以在列名前加上所属数据库和表的名字，但是一般来说，若选择的字段在各表中是唯一的，就没有必要去特别指定。

4.2.2 多表连接

若要在不同表中查询数据，则必须在 FROM 子句中指定多个表。将不同列的数据组合到一个表中叫作表的连接。

1. 连接方式

（1）全连接。

全连接是指将每个表的每行都与其他表中的每行交叉，以产生所有可能的组合，列包含了所有表中出现的列，也就是笛卡尔积。例如，表 4－2 有 3 行，表 4－3 有 2 行，表 4－2 和表 4－3 全连接后得到 6 行（3 × 2=6），即表 4－4。

表 4－2　3 行数据

T1	T2
1	A
6	F
2	B

表 4－3　2 行数据

T3	T4	T5
1	3	M
2	0	N

表 4－4　表 4－2 和表 4－3 全连接的结果

T1	T2	T3	T4	T5
1	A	1	3	M
6	F	1	3	M
2	B	1	3	M
1	A	2	0	N
6	F	2	0	N
2	B	2	0	N

（2）内连接。

从表 4－4 可以看出，全连接得到的表会产生数量非常多的行，得到的行数为每个表中行数之积，而且全连接产生的表中数据在大多数情况下都没有意义。因此，通常要设定条件将结果集减少，使表中数据有意义，这样的连接即为内连接。若设定的条件是等值条件，也叫等值连接。

若对表 4－2 和表 4－3 进行等值连接（T1=T3），则形成表 4－5，只有 2 行。

表 4－5　表 4－2 和表 4－3 等值连接（T1=T3）的结果

T1	T2	T3	T4	T5
1	A	1	3	M
2	B	2	0	N

（3）外连接。

外连接包括左外连接（LEFT OUTER JOIN）和右外连接（RIGHTOUTER JOIN）两种。

左外连接：结果表中除了匹配行外，还包括左表有的但右表中不匹配的行，对于这样的行，可将从右表选择的列设置为 NULL。对表 4－2 与表 4－3 进行左外连接（T1=T3）的结果见表 4－6。

表 4－6　表 4－2 和表 4－3 左外连接（T1=T3）的结果

T1	T2	T3	T4	T5
1	A	1	3	M
2	B	2	0	N
6	F	NULL	NULL	NULL

右外连接：结果表中除了匹配行外，还包括右表有的但左表中不匹配的行，对于这样的行，可将从左表选择的列设置为 NULL。对表 4－3 与表 4－2 进行右外连接（T3=T1）的结果见表 4－7。

表 4－7　表 4－3 和表 4－2 右外连接（T3=T1）的结果

T3	T4	TS	T1	T2
1	3	M	1	A
2	0	N	2	B
NULL	NULL	NULL	6	F

若 FROM 子句中将各表用逗号分隔，就指定了全连接。

【例 4－19】 查询与乘客已订购的机票相关的航空公司、飞机型号和舱位类型。

SQL 语句和执行结果如下：

```
mysql> SELECT a.c_name AS '航空公司', f.model AS '飞机型号', o.grade AS '舱位类型' FROM aircompany a INNER JOIN flight f ON a.a_id = f.a_id INNER JOIN orders o ON o.f_id = f.f_id;
+--------------+------------------+-------------+
| 航空公司     | 飞机型号         | 舱位类型    |
+--------------+------------------+-------------+
| 南中航空     | 蜀国空客 320     | 经济舱      |
| 兖州航空     | 吴国波音 738     | 经济舱      |
| 夷陵航空     | 蜀国空客 320     | 商务舱      |
```

```
|汉中航空    |吴国波音 738   |经济舱      |
|豫州航空    |吴国波音 738   |经济舱      |
|豫州航空    |蜀国空客 333   |商务舱      |
|青州航空    |吴国波音 738   |经济舱      |
|荆州航空    |蜀国空客 320   |商务舱      |
|荆州航空    |蜀国空客 320   |经济舱      |
|豫州航空    |蜀国空客 520   |经济舱      |
……………………此处省略部分查询结果………………………
+--------------+-----------------+-------------+
26 rows in set (0.00 sec)
```

【例 4－20】 使用多表连接查询每个航空公司及其航班。

SQL 语句和执行结果如下：

```
mysql> SELECT a.c_name AS '航空公司', f.f_id AS '航班' FROM aircompany a,flight f WHERE a.a_id = f.a_id;
+--------------+----------+
|航空公司    |航班     |
+--------------+----------+
|兖州航空    |9C6859 |
|兖州航空    |9C7027 |
|兖州航空    |CZ3907 |
|兖州航空    |WS3121 |
|豫州航空    |9C8643 |
|豫州航空    |9C8975 |
|豫州航空    |CZ3109 |
|豫州航空    |KN2336 |
|豫州航空    |NS3223 |
|豫州航空    |NS3507 |
……此处省略部分查询结果……
+--------------+----------+
26 rows in set (0.00 sec)
```

2. JOIN 连接

使用 JOIN 关键字建立多表连接时，JOIN 中定义了如何使用 JOIN 关键字连接表。

JOIN 子句的语法格式如下：

```
表名 1 INNER JOIN 表名 2
| 表名 1{LEFT | RIGHT} [OUTER] JOIN 表名 2
ON 连接条件 | USING ( 列名 )
```

使用 JOIN 关键字的连接主要分为以下 2 种：

（1）内连接。

指定 INNER 关键字的连接是内连接。内连接是在 FROM 子句产生的中间结果中应用 ON 条件后得到的结果。

【例 4－21】 使用等值连接查询每个航空公司及其航班。

SQL 语句和执行结果如下：

```
mysql> SELECT a.c_name AS '航空公司', f.f_id AS '航班' FROM aircompany a INNER JOIN flight f
ON a.a_id = f.a_id;
+---------------+----------+
| 航空公司      | 航班     |
+---------------+----------+
| 兖州航空      | 9C6859 |
| 兖州航空      | 9C7027 |
| 兖州航空      | CZ3907 |
| 兖州航空      | WS3121 |
| 豫州航空      | 9C8643 |
| 豫州航空      | 9C8975 |
| 豫州航空      | CZ3109 |
| 豫州航空      | KN2336 |
| 豫州航空      | NS3223 |
| 豫州航空      | NS3507 |
……此处省略部分查询结果……
+---------------+----------+
26 rows in set (0.00 sec)
```

（2）外连接。

指定 OUTER 关键字的连接为外连接。

【例 4－22】 查询航空公司、飞机类型和起飞时间。

SQL 语句和执行结果如下：

```
mysql> SELECT a.c_name,f.model,f.departureTime FROM aircompany a LEFT JOIN flight f ON a.a_id = f.a_id;
+---------------+--------------------+---------------+
| c_name        | model              | departureTime |
+---------------+--------------------+---------------+
| 兖州航空      | 吴国波音 738       | 11:51:00      |
| 兖州航空      | 吴国波音 738       | 08:06:00      |
| 兖州航空      | 蜀国空客 333       | 18:05:00      |
| 兖州航空      | 蜀国空客 320       | 16:30:00      |
| 豫州航空      | 蜀国空客 320       | 11:15:00      |
| 豫州航空      | 吴国波音 738       | 09:04:00      |
| 豫州航空      | 蜀国空客 333       | 08:39:00      |
| 豫州航空      | 蜀国空客 320       | 19:50:00      |
| 豫州航空      | 吴国波音 738       | 19:30:00      |
| 豫州航空      | 吴国波音 738       | 15:00:00      |
…………………………此处省略部分查询结果……………………
+---------------+--------------------+---------------+
27 rows in set (0.00 sec)
```

【例 4-23】 查询订单编号和下单乘客编号。

SQL 语句和执行结果如下：

```
mysql> SELECT o.o_id AS '订单编号',p.p_id AS '乘客编号' FROM orders o RIGHT JOIN passenger p
ON o.p_id = p.p_id;
+--------------+--------------------------+
| 订单编号     | 乘客编号                 |
+--------------+--------------------------+
|           12 | 123698547852369874 |
|           13 | 123698547852369874 |
|           19 | 123698547852369874 |
|           28 | 123698547852369874 |
|           33 | 123698547852369874 |
|         NULL | 147891236548546321 |
|            2 | 156487953214789632 |
|           16 | 156487953214789632 |
|           18 | 156487953214789632 |
|           30 | 156487953214789632 |
…………此处省略部分查询结果………………
+--------------+--------------------------+
34 rows in set (0.00 sec)
```

4.2.3 联合查询

联合查询是多表查询的一种形式，它从垂直方向组合多张表，而连接查询是从水平方向组合多张表。因此进行联合查询的时候，要保证参与联合的多个 SELECT 语句的列及对应列的数据类型必须兼容。查询结果集包含联合查询中的每一个查询结果集的全部行。

语法格式如下：

```
SELECT 语句 1
UNION[ALL]
SELECT 语句 2
[UNION [ALL]< SELECT 语句 3>][...n]
```

语法说明如下：

- UNION 为联合查询的关键字。
- 关键字 ALL 表示显示结果集的所有行；省略 ALL 时，系统自动删除结果集中的重复行。
- 使用 ORDER BY 或 LIMIT 子句时，只能在联合查询的最后一个查询后指定，且使用第 1 个查询的列名作为查询结果集的列名。

联合查询的要求如下：

- 两个查询的列数相同，如果不相同则会出错。
- 两个查询对应列的含义相同，如果不相同则会造成误解。

- 列名以第 1 个查询的列名为准，第 2 个查询的列名不显示。
- 两个查询有各自的查询条件等子句，只有排序子句是针对整个联合的。
- 排序列名使用第 1 个查询的列名。

4.2.4 子查询

在查询条件中，可以使用另一个查询的结果作为条件的一部分，如判定列值是否与某个查询的结果集中的值相等。作为查询条件一部分的查询称为子查询。SQL 标准允许 SELECT 多层嵌套使用，以便表示复杂的查询。子查询除了可以用在 SELECT 语句中，还可以用在 INSERT、UPDATE 及 DELETE 语句中。子查询通常与 IN、EXIST 谓词及比较运算符结合使用。

1. IN 子查询

IN 子查询用于判断一个给定值是否在子查询结果集中。语法格式如下：

```
表达式 [NOT]IN( 子查询 )
```

语法说明如下：

- 当表达式与子查询的结果表中的某个值相等时，IN 谓词返回 TRUE，否则返回 FALSE; 若使用了 NOT，则返回的值刚好相反。
- IN 子查询只能返回一列数据。对于较复杂的查询，可以使用嵌套的子查询。

【例 4－24】 查询航班旅程大于平均旅程的航班信息。

SQL 语句和执行结果如下：

```
mysql> SELECT * FROM flight where mileage > (SELECT AVG(mileage) FROM flight);
+----------+----+--------------------+-----------+--------+---------+------------------+
| f_id     | a_id | model            | fromCity | toCity | mileage | departureTime |
+----------+----+--------------------+-----------+--------+---------+------------------+
| 3U8962 |  8 | 蜀国空客 320     | 兖州     | 豫州   |    2800 | 11:35:00      |
| 9C6859 |  1 | 吴国波音 738     | 汉中     | 南中   |    1873 | 11:51:00      |
| 9C7411 |  8 | 蜀国空客 320     | 青州     | 幽州   |    2080 | 21:30:00      |
| 9C8643 |  2 | 蜀国空客 320     | 兖州     | 豫州   |    2800 | 11:15:00      |
| 9C8899 |  9 | 吴国波音 738     | 青州     | 幽州   |    2080 | 08:45:00      |
| CZ3132 |  6 | 吴国波音 738     | 司州     | 青州   |    2780 | 08:03:00      |
| GX2039 |  9 | 吴国波音 738     | 青州     | 幽州   |    2080 | 20:00:00      |
| JD5303 |  5 | 蜀国空客 320     | 徐州     | 青州   |    2242 | 14:55:00      |
| KN2397 |  4 | 吴国波音 738     | 汉中     | 南中   |    1873 | 13:05:00      |
| NS3223 |  2 | 吴国波音 738     | 兖州     | 豫州   |    2800 | 19:30:00      |
| NS3235 |  6 | 吴国波音 738     | 徐州     | 青州   |    2242 | 07:41:00      |
| NS3267 |  4 | 吴国波音 738     | 汉中     | 南中   |    1873 | 08:31:00      |
| NS3287 |  5 | 蜀国空客 320     | 徐州     | 青州   |    2242 | 16:20:00      |
| NS3301 |  3 | 魏国空客 340     | 兖州     | 豫州   |    2800 | 08:03:00      |
| PN6411 |  5 | 蜀国空客 320     | 汉中     | 南中   |    1873 | 17:00:00      |
+----------+----+--------------------+-----------+--------+---------+------------------+
15 rows in set (0.00 sec)
```

【例 4－25】 用 IN 子查询查询荆州航空公司的航班信息。

SQL 语句和执行结果如下：

```
mysql> SELECT * FROM flight WHERE a_id IN (SELECT a_id FROM aircompany WHERE c_name =
' 荆州航空 ');
+----------+------+------------------+----------+--------+---------+-----------------+
| f_id     | a_id | model            | fromCity | toCity | mileage | departureTime |
+----------+------+------------------+----------+--------+---------+-----------------+
| JD5303 |    5 | 蜀国空客 320    | 徐州     | 青州   |    2242 | 14:55:00       |
| NS3287 |    5 | 蜀国空客 320    | 徐州     | 青州   |    2242 | 16:20:00       |
| PN6411 |    5 | 蜀国空客 320    | 汉中     | 南中   |    1873 | 17:00:00       |
+----------+------+------------------+----------+--------+---------+-----------------+
3 rows in set (0.00 sec)
```

【例 4－26】 用 NOT IN 子查询查询不是荆州航空公司的航班信息。

SQL 语句和执行结果如下：

```
mysql> SELECT * FROM flight WHERE a_id NOT IN (SELECT a_id FROM aircompany WHERE c_
name = ' 荆州航空 ');
+----------+------+------------------+----------+--------+---------+-----------------+
| f_id     | a_id | model            | fromCity | toCity | mileage | departureTime |
+----------+------+------------------+----------+--------+---------+-----------------+
| 3U8962 |   8  | 蜀国空客 320    | 兖州     | 豫州   |    2800 | 11:35:00       |
| 9C6859 |   1  | 吴国波音 738    | 汉中     | 南中   |    1873 | 11:51:00       |
| 9C7027 |   1  | 吴国波音 738    | 凉州     | 荆州   |    1100 | 08:06:00       |
| 9C7411 |   8  | 蜀国空客 320    | 青州     | 幽州   |    2080 | 21:30:00       |
| 9C8643 |   2  | 蜀国空客 320    | 兖州     | 豫州   |    2800 | 11:15:00       |
| 9C8673 |   4  | 吴国波音 738    | 凉州     | 荆州   |    1100 | 15:55:00       |
| 9C8899 |   9  | 吴国波音 738    | 青州     | 幽州   |    2080 | 08:45:00       |
| 9C8975 |   2  | 吴国波音 738    | 凉州     | 荆州   |    1100 | 09:04:00       |
| CA2733 |   7  | 蜀国空客 320    | 荆州     | 兖州   |    1130 | 06:40:00       |
| CW3101 |   7  | 蜀国空客 320    | 夷陵     | 兖州   |    1698 | 14:45:00       |
……………………………………………此处省略部分查询结果……………………………………………
+----------+------+------------------+----------+--------+---------+-----------------+
23 rows in set (0.00 sec)
```

2. EXISTS 子查询

EXISTS 谓词用于测试子查询的结果是否为空表，若子查询的结果集不为空，则 EXISTS 返回 TRUE，否则返回 FALSE。EXISTS 还可与 NOT 结合使用，即 NOT EXISTS，其返回值与 EXISTS 刚好相反。

EXISTS 子查询的语法格式如下：

```
[NOT] EXISTS( 子查询 )
```

【例 4－27】 用 EXISTS 子查询查询荆州航空公司的航班信息。

SQL 语句和执行结果如下：

```
mysql> SELECT * FROM flight f WHERE EXISTS (SELECT * from aircompany a WHERE f.a_id = a.a_
id AND a.c_name = '荆州航空');
+----------+-----+------------------+-----------+--------+---------+-----------------+
| f_id     | a_id | model           | fromCity | toCity | mileage | departureTime |
+----------+-----+------------------+-----------+--------+---------+-----------------+
| JD5303 |    5 | 蜀国空客 320 | 徐州     | 青州   |    2242 | 14:55:00        |
| NS3287 |    5 | 蜀国空客 320 | 徐州     | 青州   |    2242 | 16:20:00        |
| PN6411 |    5 | 蜀国空客 320 | 汉中     | 南中   |    1873 | 17:00:00        |
+----------+-----+------------------+-----------+--------+---------+-----------------+
3 rows in set (0.00 sec)
```

3. 比较子查询

比较子查询可以认为是 IN 子查询的扩展，将表达式的值与子查询的结果进行比较运算。语法格式如下：

```
表达式 { < | <= | = | > | >= | != | <> } { ALL | SOME | ANY }( 子查询 )
```

语法说明如下：

- 表达式。要进行比较的表达式。
- ALL | SOME | ANY。对比较运算的限制。若子查询的结果集只返回一行数据，可以通过比较运算符直接比较。若子查询的结果集返回多行数据，需要用 { ALL | SOME | ANY } 来限定。ALL 指定表达式要与子查询结果集中的每个值进行比较，当表达式的每个值都满足比较关系时，才返回 TRUE，否则返回 FALSE；SOME 与 ANY 是同义词，表示只要表达式与子查询结果集中的某个值满足比较关系，就返回 TRUE，否则返回 FALSE。

【例 4－28】 查询价格比任一商务舱价格都贵的座位信息。

SQL 语句和执行结果如下：

```
mysql> SELECT * FROM seat WHERE fullPrice > ANY(SELECT fullPrice FROM seat WHERE grade =
'商务舱');
+-----+----------+-------------+-----------+------+-----------------+------------+
| s_id | f_id     | flightDate  | grade     | seats | availableSeats | fullPrice |
+-----+----------+-------------+-----------+------+-----------------+------------+
|    1 | 9C8643  | 2022-06-21 | 头等舱   |    4 |               4 |  2600.00 |
|    2 | 9C8643  | 2022-06-21 | 商务舱   |    8 |               8 |  2200.00 |
|    3 | 9C8643  | 2022-06-21 | 经济舱   |  172 |             172 |  1610.00 |
|    6 | NS3223  | 2022-06-21 | 头等舱   |    2 |               2 |  2900.00 |
|    7 | NS3223  | 2022-06-21 | 商务舱   |    6 |               6 |  2500.00 |
|    8 | NS3223  | 2022-06-21 | 经济舱   |  154 |             154 |  1610.00 |
|    9 | KN2336  | 2022-06-21 | 头等舱   |    2 |               2 |  2780.00 |
|   10 | KN2336  | 2022-06-21 | 商务舱   |    6 |               6 |  2120.00 |
```

```
……………………………………此处省略部分查询结果……………………………………
+-----+----------+--------------+------------+------+-----------------+-----------+
54 rows in set (0.00 sec)
```

【例 4－29】 查询价格比所有商务舱价格都贵的座位信息。

SQL 语句和执行结果如下：

```
mysql> SELECT * FROM seat WHERE fullPrice > ALL(SELECT fullPrice FROM seat WHERE grade =
'商务舱');
+----+----------+--------------+-----------+------+-----------------+-----------+
| s_id | f_id   | flightDate  | grade     | seats | availableSeats | fullPrice |
+----+----------+--------------+-----------+------+-----------------+-----------+
|  29 | NS3267 | 2022-06-21 | 头等舱   |    4 |               4 |  3830.00 |
|  32 | 9C6859 | 2022-06-21 | 头等舱   |    6 |               6 |  3820.00 |
|  43 | CZ3132 | 2022-06-21 | 头等舱   |    6 |               6 |  3680.00 |
|  53 | 9C7411 | 2022-06-21 | 头等舱   |    6 |               6 |  3880.00 |
|  58 | CZ3109 | 2022-06-21 | 头等舱   |   12 |              12 |  3890.00 |
|  61 | CZ3907 | 2022-06-21 | 头等舱   |    9 |               9 |  3770.00 |
|  66 | WS3121| 2022-06-21 | 头等舱   |    4 |               4 |  3890.00 |
+----+----------+--------------+-----------+------+-----------------+-----------+
7 rows in set (0.00 sec)
```

任务 3 分组统计与排序

4.3.1 GROUP BY 子句

GROUP BY 子句主要用于根据字段对行分组。例如，根据学生所学的专业对学生基本表中的所有行分组，结果是每个专业的学生成为一组。

GROUP BY 子句的语法格式如下：

```
GROUP BY{ 列名 | 表达式 | 列编号 [ASC | DESC], ... [WITH ROLLUP]
```

语法说明如下：

- GROUP BY 子句后通常包含列名或表达式。
- MySQL 对 GROUP BY 子句进行了扩展，可以在列的后面指定 ASC（升序）或 DESC（降序）。

GROUP BY 可以根据一个或多个列进行分组，也可以根据表达式进行分组，经常和聚合函数一起使用。

【例 4－30】 在“航班时刻表（flight）”中按照“起飞地点”统计各个航班的数量。

SQL 语句和执行结果如下：

```
mysql> SELECT fromCity AS '起飞地点',COUNT(f_id) AS '航班数' FROM flight GROUP BY fromCity;
```

```
+--------------+-----------+
| 起飞地点     | 航班数    |
+--------------+-----------+
| 兖州         |         4 |
| 汉中         |         4 |
| 凉州         |         4 |
| 青州         |         3 |
| 荆州         |         3 |
| 夷陵         |         3 |
| 司州         |         1 |
| 徐州         |         3 |
| 冀州         |         1 |
+--------------+-----------+
9 rows in set (0.00 sec)
```

4.3.2 HAVING 子句

使用 HAVING 子句的目的与 WHERE 子句类似，不同的是 WHERE 子句是在 FROM 子句之后选择行，而 HAVING 子句在 GROUP BY 子句之后选择行。

HAVING 子句的语法格式如下：

```
HAVING 条件
```

语法说明如下：

- 条件。定义和 WHERE 子句中的条件类似，不过 HAVING 子句中的条件可以包含聚合函数，而 WHERE 子句中则不可以。

SQL 标准要求 HAVING 必须引用 GROUP BY 子句中的列或用于聚合函数中的列。不过，MySQL 支持对此工作性质的扩展，并允许 HAVING 引用 SELECT 清单中的列和外部子查询中的列。

【例 4－31】 在“航班时刻表（flight）”中按照“起飞地点”统计航班的数量大于 3 班的航班数。

SQL 语句和执行结果如下：

```
mysql> SELECT fromCity AS '起飞地点',COUNT(f_id) AS '航班数' FROM flight GROUP BY fromCity
HAVING COUNT(f_id) > 3;
+--------------+-----------+
| 起飞地点     | 航班数    |
+--------------+-----------+
| 兖州         |         4 |
| 汉中         |         4 |
| 凉州         |         4 |
+--------------+-----------+
3 rows in set (0.00 sec)
```

4－2　排序功能

4.3.3　ORDER BY 子句

在一条 SELECT 语句中，若不使用 ORDER BY 子句，结果中的行的顺序是不可预料的。使用 ORDER BY 子句后可以保证结果中的行按一定顺序排列。

ORDER BY 子句的语法格式如下：

```
ORDER BY{ 列名 | 表达式 | 列编号 }[ASC | DESC] , ...
```

语法说明如下：

- ORDER BY 子句后可以是一个列、一个表达式或一个正整数。列编号是正整数表示按结果表中该位置上的列排序。例如，使用 ORDER BY 3 表示对 SELECT 的列清单上的第 3 列进行排序。
- 关键字 ASC 表示升序排列，DESC 表示降序排列，系统默认值为 ASC。

【例 4－32】 在“航班时刻表（flight）”中按照公里数升序排列。

SQL 语句和执行结果如下：

```
mysql> SELECT * FROM flight ORDER BY mileage ASC;
+----------+-----+-------------------+-----------+--------+---------+---------------+
| f_id     | a_id | model            | fromCity | toCity | mileage | departureTime |
+----------+-----+-------------------+-----------+--------+---------+---------------+
| 9C7027 |   1 | 吴国波音 738   | 凉州     | 荆州  |   1100  | 08:06:00      |
| 9C8673 |   4 | 吴国波音 738   | 凉州     | 荆州  |   1100  | 15:55:00      |
| 9C8975 |   2 | 吴国波音 738   | 凉州     | 荆州  |   1100  | 09:04:00      |
| NS3507 |   2 | 吴国波音 738   | 凉州     | 荆州  |   1100  | 15:00:00      |
| KN2336 |   2 | 蜀国空客 320   | 冀州     | 扬州  |   1104  | 19:50:00      |
| CA2733 |   7 | 蜀国空客 320   | 荆州     | 兖州  |   1130  | 06:40:00      |
| CZ3109 |   2 | 蜀国空客 333   | 荆州     | 兖州  |   1130  | 08:39:00      |
| CZ3907 |   1 | 蜀国空客 333   | 荆州     | 兖州  |   1130  | 18:05:00      |
| CW3101 |   7 | 蜀国空客 320   | 夷陵     | 兖州  |   1698  | 14:45:00      |
| WL3121 |   2 | 蜀国空客 520   | 夷陵     | 兖州  |   1698  | 13:50:00      |
……………………………………………此处省略部分查询结果……………………………………………
+----------+-----+-------------------+-----------+--------+---------+---------------+
26 rows in set (0.00 sec)
```

【例 4－33】 在“航班时刻表（flight）”中先按公里数升序排列，再按起飞时间降序排列。

SQL 语句和执行结果如下：

```
mysql> SELECT * FROM flight ORDER BY mileage, departureTime ASC;
+----------+------+-------------------+-----------+--------+---------+---------------+
| f_id     | a_id | model            | fromCity | toCity | mileage | departureTime |
+----------+------+-------------------+-----------+--------+---------+---------------+
| 9C7027 |   1  | 吴国波音 738   | 凉州     | 荆州  |   1100  | 08:06:00      |
| 9C8975 |   2  | 吴国波音 738   | 凉州     | 荆州  |   1100  | 09:04:00      |
```

```
| NS3507 |   2 | 吴国波音 738   | 凉州    | 荆州   |  1100  | 15:00:00         |
| 9C8673 |   4 | 吴国波音 738   | 凉州    | 荆州   |  1100  | 15:55:00         |
| KN2336 |   2 | 蜀国空客 320   | 冀州    | 扬州   |  1104  | 19:50:00         |
| CA2733 |   7 | 蜀国空客 320   | 荆州    | 兖州   |  1130  | 06:40:00         |
| CZ3109 |   2 | 蜀国空客 333   | 荆州    | 兖州   |  1130  | 08:39:00         |
| CZ3907 |   1 | 蜀国空客 333   | 荆州    | 兖州   |  1130  | 18:05:00         |
| WL3121 |   2 | 蜀国空客 520   | 夷陵    | 兖州   |  1698  | 13:50:00         |
| CW3101 |   7 | 蜀国空客 320   | 夷陵    | 兖州   |  1698  | 14:45:00         |
……………………………………此处省略部分查询结果……………………………………
+-----------+------+-------------------+-----------+--------+---------+-----------------+
26 rows in set (0.00 sec)
```

4.3.4 LIMIT 子句

LIMIT 子句是 SELECT 语句的最后一个子句，主要用于限制被 SELECT 语句返回的行数。

4-3 分页功能

LIMIT 子句的语法格式如下：

```
LIMIT{[ 偏移量 ,] 行数 | 行数 OFFSET 偏移量 }
```

语法说明如下：

- 偏移量和行数都必须是非负的整数常数。
- 偏移量指返回的第 1 行的偏移量。
- 行数指返回的行数。

例如，LIMIT5 表示返回 SELECT 语句的结果集中最前面 5 行，而 LIMIT3,5 则表示从第 4 行开始返回 5 行。

【例 4－34】 查询“航班时刻表（flight）”前 5 行的信息。

SQL 语句和执行结果如下：

```
mysql> SELECT * FROM flight LIMIT 5;
+---------+------+-------------------+-----------+--------+---------+-----------------+
| f_id    | a_id | model             | fromCity | toCity | mileage | departureTime |
+---------+------+-------------------+-----------+--------+---------+-----------------+
| 3U8962 |    8 | 蜀国空客 320   | 兖州     | 豫州   |    2800 | 11:35:00        |
| 9C6859 |    1 | 吴国波音 738   | 汉中     | 南中   |    1873 | 11:51:00        |
| 9C7027 |    1 | 吴国波音 738   | 凉州     | 荆州   |    1100 | 08:06:00        |
| 9C7411 |    8 | 蜀国空客 320   | 青州     | 幽州   |    2080 | 21:30:00        |
| 9C8643 |    2 | 蜀国空客 320   | 兖州     | 豫州   |    2800 | 11:15:00        |
+---------+------+-------------------+-----------+--------+---------+-----------------+
5 rows in set (0.00 sec)
```

【例 4－35】 查询“航班时刻表（flight）”中从第 3 行开始的 5 行数据。

SQL 语句和执行结果如下：

```
mysql> SELECT * FROM flight LIMIT 2,5;
```

```
+---------+------+-------------------+-----------+--------+---------+-----------------+
| f_id    | a_id | model             | fromCity | toCity | mileage | departureTime |
+---------+------+-------------------+-----------+--------+---------+-----------------+
| 9C7027 |    1 | 吴国波音 738     | 凉州     | 荆州 |    1100 | 08:06:00      |
| 9C7411 |    8 | 蜀国空客 320     | 青州     | 幽州 |    2080 | 21:30:00      |
| 9C8643 |    2 | 蜀国空客 320     | 兖州     | 豫州 |    2800 | 11:15:00      |
| 9C8673 |    4 | 吴国波音 738     | 凉州     | 荆州 |    1100 | 15:55:00      |
| 9C8899 |    9 | 吴国波音 738     | 青州     | 幽州 |    2080 | 08:45:00      |
+---------+------+-------------------+-----------+--------+---------+-----------------+
5 rows in set (0.00 sec)
```

项目实践

1. 实践目标

（1）掌握 SELECT 语句的基本用法。

（2）掌握条件查询的基本方法。

（3）掌握多表查询的基本方法。

（4）掌握数据表的统计与排序的基本方法。

2. 实践内容

使用航空售票系统数据库 threekingdomsair 完成以下数据查询任务。

（1）查询“航空公司表（aircompany）”中航班的全部信息。

方法 1 的 SQL 语句和执行结果如下：

```
mysql> SELECT a_id,c_name,address,hotLine FROM aircompany;
+----+--------------+------------------------------+-----------------+
| a_id | c_name     | address                      | hotLine         |
+----+--------------+------------------------------+-----------------+
|    1 | 兖州航空   | 山东金乡 A 区 278 号         | 0536-1234567 |
|    2 | 豫州航空   | 安徽亳州 A 区 2550 号        | 0551-1234567 |
|    3 | 幽州航空   | 荆州大兴 A 区 30 号          | 010-1234567   |
|    4 | 凉州航空   | 甘肃武威 A 区 7 号           | 931-1234567   |
|    5 | 荆州航空   | 湖南汉寿 A 区 2033 号        | 0736-1234567 |
|    6 | 汉中航空   | 陕西汉中 A 区 22 号          | 4001234567    |
|    7 | 夷陵航空   | 湖北宜都 A 区 80 号          | 027-1234567   |
|    8 | 南中航空   | 四川 A 区四段六号            | 0816-1234567 |
|    9 | 青州航空   | 山东淄博市 A 区 5746 号      | 4001234568    |
+----+--------------+------------------------------+-----------------+
9 rows in set (0.00 sec)
```

方法 2 的 SQL 语句和执行结果如下：

```
mysql> SELECT * FROM aircompany;
+----+--------------+--------------------------------+-----------------+
| a_id | c_name     | address                        | hotLine         |
+----+--------------+--------------------------------+-----------------+
```

```
|    1 | 兖州航空      | 山东金乡 A 区 278 号           | 0536-1234567 |
|    2 | 豫州航空      | 安徽亳州 A 区 2550 号          | 0551-1234567 |
|    3 | 幽州航空      | 荆州大兴 A 区 30 号            | 010-1234567  |
|    4 | 凉州航空      | 甘肃武威 A 区 7 号             | 931-1234567  |
|    5 | 荆州航空      | 湖南汉寿 A 区 2033 号          | 0736-1234567 |
|    6 | 汉中航空      | 陕西汉中 A 区 22 号            | 4001234567   |
|    7 | 夷陵航空      | 湖北宜都 A 区 80 号            | 027-1234567  |
|    8 | 南中航空      | 四川 A 区四段六号              | 0816-1234567 |
|    9 | 青州航空      | 山东淄博市 A 区 5746 号        | 4001234568   |
+----+--------------+-------------------------------+-----------------+
9 rows in set (0.00 sec)
```

（2）查询“航班时刻表（flight）”中的到达地点信息，要求返回的信息不重复。

SQL 语句和执行结果如下：

```
mysql> SELECT DISTINCT toCity FROM flight;
+-------+
| toCity |
+-------+
| 豫州   |
| 南中   |
| 荆州   |
| 幽州   |
| 兖州   |
| 青州   |
| 扬州   |
+-------+
7 rows in set (0.00 sec)
```

（3）查询“订单表（orders）”前 3 行的信息。

SQL 语句和执行结果如下：

```
mysql> SELECT * FROM orders LIMIT 3;
+----+----------------------+----------+--------------+----------+------+---------+-----+
| o_id | p_id               | f_id     | flightDate   | grade    | seat | price   | gate |
+----+----------------------+----------+--------------+----------+------+---------+-----+
|    1 | 982536014789632541 | 9C7411 | 2022-08-26 | 经济舱 | 8B   |  780.00 | 3    |
|    2 | 156487953214789632 | 9C6859 | 2022-08-26 | 经济舱 | 6E   | 1050.00 | 2    |
|    3 | 369874125896547123 | CW3101 | 2022-08-26 | 商务舱 | 2A   | 2680.00 | 6    |
+----+----------------------+----------+--------------+----------+------+---------+-----+
3 rows in set (0.00 sec)
```

（4）查询“订单表（orders）”中从第 2 行开始的 4 行数据。

SQL 语句和执行结果如下：

```
mysql> SELECT * FROM orders LIMIT 1,4;
```

```
+-----+--------------------------+-----------+--------------+-----------+------+---------+------+
| o_id | p_id                    | f_id      | flightDate   | grade     | seat | price   | gate |
+-----+--------------------------+-----------+--------------+-----------+------+---------+------+
|   2 | 156487953214789632 | 9C6859   | 2022-08-26 | 经济舱   | 6E   | 1050.00 | 2    |
|   3 | 369874125896547123 | CW3101   | 2022-08-26 | 商务舱   | 2A   | 2680.00 | 6    |
|  11 | 785463219874563214 | CZ3132   | 2022-08-26 | 经济舱   | 12E  | 1250.00 | 5    |
|  12 | 123698547852369874 | NS3223   | 2022-08-26 | 经济舱   | 9C   | 760.00  | 5    |
+-----+--------------------------+-----------+--------------+-----------+------+---------+------+
4 rows in set (0.00 sec)
```

（5）查询“航班时刻表（flight）”中的航班号 ID、起飞地点和到达地点，结果中各列的标题分别指定为航班号 ID、起飞地点和到达地点。

SQL 语句和执行结果如下：

```
mysql> SELECT f_id AS ' 航班号 ID',fromCity AS ' 起飞地点 ',toCity AS ' 到达地点 ' FROM flight;
+--------------+--------------+--------------+
| 航班号 ID    | 起飞地点     | 到达地点     |
+--------------+--------------+--------------+
| 3U8962       | 兖州         | 豫州         |
| 9C6859       | 汉中         | 南中         |
| 9C7027       | 凉州         | 荆州         |
| 9C7411       | 青州         | 幽州         |
| 9C8643       | 兖州         | 豫州         |
| 9C8673       | 凉州         | 荆州         |
| 9C8899       | 青州         | 幽州         |
| 9C8975       | 凉州         | 荆州         |
| CA2733       | 荆州         | 兖州         |
| CW3101       | 夷陵         | 兖州         |
| CZ3109       | 荆州         | 兖州         |
| CZ3132       | 司州         | 青州         |
| CZ3907       | 荆州         | 兖州         |
| GX2039       | 青州         | 幽州         |
| JD5303       | 徐州         | 青州         |
| KN2336       | 冀州         | 扬州         |
| KN2397       | 汉中         | 南中         |
| NS3223       | 兖州         | 豫州         |
| NS3235       | 徐州         | 青州         |
| NS3267       | 汉中         | 南中         |
| NS3287       | 徐州         | 青州         |
| NS3301       | 兖州         | 豫州         |
| NS3507       | 凉州         | 荆州         |
| PN6411       | 汉中         | 南中         |
| WL3121       | 夷陵         | 兖州         |
| WS3121       | 夷陵         | 兖州         |
```

```
+---------------+---------------+---------------+
26 rows in set (0.00 sec)
```

（6）淡季机票往往会打折，请按照 8 折计算结果显示航班号 ID 和 8 折后的机票价格。

SQL 语句和执行结果如下：

```
mysql> SELECT f_id,price*0.8 FROM orders;
+----------+------------+
| f_id     | price*0.8 |
+----------+------------+
| 9C7411 |    624.00 |
| 9C6859 |    840.00 |
| CW3101|  2144.00 |
| CZ3132 |  1000.00 |
| NS3223 |    608.00 |
| CZ3109 |  2144.00 |
| 9C8899 |    712.00 |
| NS3287 |  2304.00 |
| PN6411 |    712.00 |
| WL3121 |    736.00 |
| 9C8975 |    368.00 |
| KN2336 |    496.00 |
| 9C8673 |    448.00 |
| NS3235 |    840.00 |
| CZ3109 |  2304.00 |
| 9C8673 |    448.00 |
| 9C8673 |    448.00 |
| 9C8975 |    368.00 |
| 9C8975 |    368.00 |
| 9C8975 |    368.00 |
| 9C7027 |    408.00 |
| 9C7027 |    408.00 |
| NS3507 |    336.00 |
| NS3507 |    336.00 |
| 9C8673 |  1856.00 |
| 9C8673 |  1384.00 |
+----------+------------+
26 rows in set (0.00 sec)
```

（7）查询“航班时刻表（flight）”中起飞地点是“汉中”的航班信息。

SQL 语句和执行结果如下：

```
mysql> SELECT * FROM flight WHERE fromCity = ' 汉中 ';
+----------+------+------------------+-----------+--------+---------+----------------+
| f_id     | a_id | model               | fromCity | toCity | mileage | departureTime |
```

```
+----------+------+------------------+----------+--------+---------+----------------+
| 9C6859 |    1 | 吴国波音 738    | 汉中     | 南中  |     1873 | 11:51:00       |
| KN2397 |    4 | 吴国波音 738    | 汉中     | 南中  |     1873 | 13:05:00       |
| NS3267 |    4 | 吴国波音 738    | 汉中     | 南中  |     1873 | 08:31:00       |
| PN6411 |    5 | 蜀国空客 320    | 汉中     | 南中  |     1873 | 17:00:00       |
+----------+------+------------------+----------+--------+---------+----------------+
4 rows in set (0.00 sec)
```

（8）查询“座位表（seat)”中座位全价大于3000的座位ID、航班号ID和座位全价。

SQL语句和执行结果如下：

```
mysql> SELECT s_id,f_id,fullPrice FROM seat WHERE fullPrice > 3000;
+-----+----------+-----------+
| s_id | f_id      | fullPrice |
+-----+----------+-----------+
|   27 | KN2397 |   3420.00 |
|   29 | NS3267 |   3830.00 |
|   30 | NS3267 |   3290.00 |
|   32 | 9C6859 |   3820.00 |
|   33 | 9C6859 |   3180.00 |
|   35 | PN6411 |   3260.00 |
|   43 | CZ3132 |   3680.00 |
|   46 | GX2039 |   3220.00 |
|   51 | 9C8899 |   3320.00 |
|   53 | 9C7411 |   3880.00 |
|   54 | 9C7411 |   3250.00 |
|   58 | CZ3109 |   3890.00 |
|   61 | CZ3907 |   3770.00 |
|   66 | WS3121 |   3890.00 |
+-----+----------+-----------+
14 rows in set (0.00 sec)
```

（9）查询“座位表（seat)”中还未售罄的座位的信息（可购座位数不为null)。

SQL语句和执行结果如下：

```
mysql> SELECT * FROM seat where availableSeats is not NULL;
+----+----------+-------------+-----------+-------+----------------+-----------+
| s_id | f_id      | flightDate   | grade      | seats | availableSeats | fullPrice |
+----+----------+-------------+-----------+-------+----------------+-----------+
|    1 | 9C8643 | 2022-06-21 | 头等舱      |     4 |                4 |   2600.00 |
|    2 | 9C8643 | 2022-06-21 | 商务舱      |     8 |                8 |   2200.00 |
|    3 | 9C8643 | 2022-06-21 | 经济舱      |   172 |              172 |   1610.00 |
|    6 | NS3223 | 2022-06-21 | 头等舱      |     2 |                2 |   2900.00 |
|    7 | NS3223 | 2022-06-21 | 商务舱      |     6 |                6 |   2500.00 |
|    8 | NS3223 | 2022-06-21 | 经济舱      |   154 |              154 |   1610.00 |
```

```
|    9 | KN2336 | 2022-06-21 | 头等舱    |       2 |                  2 |  2780.00 |
|   10 | KN2336 | 2022-06-21 | 商务舱    |       6 |                  6 |  2120.00 |
……………………………………此处省略部分查询结果……………………………………
+----+----------+--------------+-----------+-------+-----------------+-----------+
58 rows in set (0.00 sec)
```

（10）查询“乘客表（passenger）”中年龄小于等于 50、大于等于 70 的乘客 ID、姓名和年龄。

SQL 语句和执行结果如下：

```
mysql> SELECT p_id,name,age FROM passenger WHERE age <= 50 or age >= 70;
+--------------------------+--------+----+
| p_id                     | name   | age |
+--------------------------+--------+----+
| 321654987456987123 | 周瑜   | 35 |
| 456987123654789321 | 曹丕   | 39 |
| 741258963214785369 | 朱隽   | 18 |
| 852369741258963214 | 王营   | 50 |
| 987654321456123789 | 孙权   | 70 |
+--------------------------+--------+----+
5 rows in set (0.00 sec)
```

（11）查询“乘客表（passenger）”中年龄范围不在 50 ~ 70 的乘客 ID、姓名和年龄。

SQL 语句和执行结果如下：

```
mysql> SELECT p_id,name,age FROM passenger WHERE age NOT BETWEEN 50 AND 70;
+--------------------------+----------+----+
| p_id                     | name     | age |
+--------------------------+----------+----+
| 147891236548546321 | 貂 _ 蝉  | 20 |
| 321654987456987123 | 周瑜     | 35 |
| 456987123654789321 | 曹丕     | 39 |
| 741258963214785369 | 朱隽     | 18 |
+--------------------------+----------+----+
4 rows in set (0.00 sec)
```

（12）查询“航班时刻表（flight）”中起飞地点不是“汉中”或“荆州”的航班号 ID、航空公司 ID 和起飞地点。

SQL 语句和执行结果如下：

```
mysql> SELECT f_id,a_id,fromCity FROM flight WHERE fromCity NOT IN (' 汉中 ',' 荆州 ');
+----------+------+-----------+
| f_id     | a_id | fromCity |
+----------+------+-----------+
| 3U8962  |    8 | 兖州       |
```

```
| 9C7027  |    1 | 凉州      |
| 9C7411  |    8 | 青州      |
| 9C8643  |    2 | 兖州      |
| 9C8673  |    4 | 凉州      |
| 9C8899  |    9 | 青州      |
| 9C8975  |    2 | 凉州      |
| CW3101  |    7 | 夷陵      |
| CZ3132  |    6 | 司州      |
| GX2039  |    9 | 青州      |
| JD5303  |    5 | 徐州      |
| KN2336  |    2 | 冀州      |
| NS3223  |    2 | 兖州      |
| NS3235  |    6 | 徐州      |
| NS3287  |    5 | 徐州      |
| NS3301  |    3 | 兖州      |
| NS3507  |    2 | 凉州      |
| WL3121  |    2 | 夷陵      |
| WS3121  |    1 | 夷陵      |
+----------+------+-----------+
19 rows in set (0.00 sec)
```

（13）查询“航班时刻表（flight）”中第2个字符为C的航班号ID、航空公司ID和飞机型号。

SQL语句和执行结果如下：

```
mysql> SELECT f_id,a_id,model FROM flight WHERE f_id LIKE '_C%';
+---------+------+--------------------+
| f_id    | a_id | model              |
+---------+------+--------------------+
| 9C6859  |    1 | 吴国波音 738       |
| 9C7027  |    1 | 吴国波音 738       |
| 9C7411  |    8 | 蜀国空客 320       |
| 9C8643  |    2 | 蜀国空客 320       |
| 9C8673  |    4 | 吴国波音 738       |
| 9C8899  |    9 | 吴国波音 738       |
| 9C8975  |    2 | 吴国波音 738       |
+---------+------+--------------------+
7 rows in set (0.00 sec)
```

（14）在“乘客表（passenger）”中按照年龄降序排列。

SQL语句和执行结果如下：

```
mysql> SELECT * FROM passenger ORDER BY age DESC;
+---------------------------+----------+---------+----+-------------+-----------------+
| p_id                      | name     | genger | age | birthday    | tel             |
```

```
+--------------------+----------+---------+----+------------+-------------+
| 987654321456123789 | 孙权     | 男      |  70 | 1953-05-23 | 11124638630 |
| 123698547852369874 | 曹操     | 男      |  65 | 1958-05-18 | 11124597177 |
| 982536014789632541 | 刘备     | 男      |  62 | 1961-10-20 | 11107582869 |
| 785463219874563214 | 赵云     | 男      |  61 | 1962-06-02 | 11126175408 |
| 156487953214789632 | 关羽     | 男      |  58 | 1965-06-25 | 11159595188 |
| 369874125896547123 | 张飞     | 男      |  54 | 1969-06-14 | 11113914658 |
| 852369741258963214 | 王营     | 男      |  50 | 1973-07-23 | 11198431808 |
| 456987123654789321 | 曹丕     | 男      |  39 | 1984-08-27 | 11146104787 |
| 321654987456987123 | 周瑜     | 男      |  35 | 1988-08-17 | 11196439458 |
| 147891236548546321 | 貂_蝉    | 女      |  20 | 2003-05-14 | 11134645740 |
| 741258963214785369 | 朱隽     | 女      |  18 | 2005-02-20 | 11183817054 |
+--------------------+----------+---------+----+------------+-------------+
11 rows in set (0.00 sec)
```

（15）在“乘客表（passenger）”中先按年龄降序排列，再按生日升序排列。

SQL 语句和执行结果如下：

```
mysql> SELECT * FROM passenger ORDER BY age DESC, birthday ASC;
+--------------------+----------+---------+----+------------+-------------+
| p_id               | name     | genger  | age | birthday   | tel         |
+--------------------+----------+---------+----+------------+-------------+
| 987654321456123789 | 孙权     | 男      |  70 | 1953-05-23 | 11124638630 |
| 123698547852369874 | 曹操     | 男      |  65 | 1958-05-18 | 11124597177 |
| 982536014789632541 | 刘备     | 男      |  62 | 1961-10-20 | 11107582869 |
| 785463219874563214 | 赵云     | 男      |  61 | 1962-06-02 | 11126175408 |
| 156487953214789632 | 关羽     | 男      |  58 | 1965-06-25 | 11159595188 |
| 369874125896547123 | 张飞     | 男      |  54 | 1969-06-14 | 11113914658 |
| 852369741258963214 | 王营     | 男      |  50 | 1973-07-23 | 11198431808 |
| 456987123654789321 | 曹丕     | 男      |  39 | 1984-08-27 | 11146104787 |
| 321654987456987123 | 周瑜     | 男      |  35 | 1988-08-17 | 11196439458 |
| 412691236548549632 | 甄宓     | 女      |  20 | 2003-03-18 | 11146745734 |
| 147891236548546321 | 貂_蝉    | 女      |  20 | 2003-05-14 | 11134645740 |
| 741258963214785369 | 朱隽     | 女      |  18 | 2005-02-20 | 11183817054 |
| 412589653216549874 | 蔡文姬   | 女      |  18 | 2005-04-14 | 11183814578 |
+--------------------+----------+---------+----+------------+-------------+
13 rows in set (0.00 sec)
```

（16）查询“乘客表（passenger）”中 50 岁以上乘客人数。

SQL 语句和执行结果如下：

```
mysql> SELECT COUNT(p_id) AS '50 岁以上乘客人数 ' FROM passenger WHERE age > 50;
+------------------------+
| 50 岁以上乘客人数 |
+------------------------+
```

```
|                    6|
+------------------------+
1 row in set (0.00 sec)
```

（17）查询“航班时刻表（flight）”中飞机型号是“吴国波音738”的总公里数。

SQL语句和执行结果如下：

```
mysql> SELECT SUM(mileage) AS '总公里数' FROM flight WHERE model = '吴国波音738';
+-------------+
| 总公里数 |
+-------------+
|     22001 |
+-------------+
1 row in set (0.00 sec)
```

（18）查询“航班时刻表（flight）”中飞机型号是“吴国波音738”的平均公里数。

SQL语句和执行结果如下：

```
mysql> SELECT AVG(mileage) AS '平均公里数' FROM flight WHERE model = '吴国波音738';
+---------------+
| 平均公里数  |
+---------------+
|   1833.4167 |
+---------------+
1 row in set (0.00 sec)
```

（19）查询“航班时刻表（flight）”中飞机型号是“吴国波音738”的最大公里数。

SQL语句和执行结果如下：

```
mysql> SELECT MAX(mileage) AS '最大公里数' FROM flight WHERE model = '吴国波音738';
+---------------+
| 最大公里数  |
+---------------+
|        2800  |
+---------------+
1 row in set (0.00 sec)
```

（20）查询“航班时刻表（flight）”中飞机型号是“吴国波音738”的最小公里数。

SQL语句和执行结果如下：

```
mysql> SELECT MIN(mileage) AS '最小公里数' FROM flight WHERE model = '吴国波音738';
+---------------+
| 最小公里数  |
+---------------+
|        1100  |
+---------------+
1 row in set (0.00 sec)
```

（21）在“乘客表（passenger）”中按照性别统计人数。

SQL 语句和执行结果如下：

```
mysql> SELECT gender AS ' 性别 ',COUNT(p_id) AS ' 人数 ' FROM passenger GROUP BY gender;
+--------+--------+
| 性别   | 人数   |
+--------+--------+
| 男     |      9 |
| 女     |      4 |
+--------+--------+
2 rows in set (0.00 sec)
```

（22）查询“订单表（orders）”中均价小于 1000 的航班。

SQL 语句和执行结果如下：

```
mysql> SELECT f_id AS ' 航  班 id',AVG(price) AS ' 均  价 ' FROM orders GROUP BY f_id HAVING
AVG(price) < 1000;
+----------+--------------+
| 航班 id  | 均价         |
+----------+--------------+
| 9C7027   | 510.000000 |
| 9C7411   | 780.000000 |
| 9C8899   | 890.000000 |
| 9C8975   | 460.000000 |
| KN2336   | 620.000000 |
| NS3223   | 760.000000 |
| NS3507   | 420.000000 |
| PN6411   | 890.000000 |
| WL3121   | 920.000000 |
+----------+--------------+
9 rows in set (0.00 sec)
```

（23）使用等值连接查询客户购买的是哪些航班的机票。

SQL 语句和执行结果如下：

```
mysql> SELECT f.f_id,f.model,o.o_id,o.flightDate FROM flight f INNER JOIN orders o ON f.f_id = o.f_id;
+----------+--------------------+-----+---------------+
| f_id     | model              | o_id | flightDate    |
+----------+--------------------+-----+---------------+
| 9C7411   | 蜀国空客 320       |    1 | 2022-08-26 |
| 9C6859   | 吴国波音 738       |    2 | 2022-08-26 |
| CW3101   | 蜀国空客 320       |    3 | 2022-08-26 |
| CZ3132   | 吴国波音 738       |   11 | 2022-08-26 |
| NS3223   | 吴国波音 738       |   12 | 2022-08-26 |
| CZ3109   | 蜀国空客 333       |   13 | 2022-08-26 |
```

```
| 9C8899  | 吴国波音 738     |   14 | 2022-08-26 |
| NS3287  | 蜀国空客 320     |   15 | 2022-08-26 |
| PN6411  | 蜀国空客 320     |   16 | 2022-08-26 |
| WL3121  | 蜀国空客 520     |   17 | 2022-08-26 |
………………此处省略部分查询结果…………………………
+-----------+--------------------+-----+---------------+
26 rows in set (0.00 sec)
```

（24）查询航班及关联的订单信息。

SQL 语句和执行结果如下：

```
mysql> SELECT f.f_id,f.model,o.o_id,o.flightDate FROM flight f LEFT JOIN orders o ON f.f_id = o.f_id;
+---------+---------------------+--------+---------------+
| f_id    | model               | o_id   | flightDate    |
+---------+---------------------+--------+---------------+
| 3U8962 | 蜀国空客 320    | NULL | NULL       |
| 9C6859 | 吴国波音 738    |      2 | 2022-08-26 |
| 9C7027 | 吴国波音 738    |     28 | 2022-08-26 |
| 9C7027 | 吴国波音 738    |     29 | 2022-08-26 |
| 9C7411 | 蜀国空客 320    |      1 | 2022-08-26 |
| 9C8643 | 蜀国空客 320    | NULL | NULL       |
| 9C8673 | 吴国波音 738    |     20 | 2022-08-26 |
| 9C8673 | 吴国波音 738    |     23 | 2022-08-26 |
| 9C8673 | 吴国波音 738    |     24 | 2022-08-26 |
| 9C8673 | 吴国波音 738    |     32 | 2022-08-26 |
………………此处省略部分查询结果…………………………
+---------+---------------------+--------+---------------+
36 rows in set (0.00 sec)
```

（25）查询乘客信息，并关联订单查询订单信息。

SQL 语句和执行结果如下：

```
mysql> SELECT o.o_id,o.flightDate,p.p_id,p.name FROM orders o RIGHT JOIN passenger p ON o.p_id = p.p_id;
+--------+--------------+--------------------------+----------+
| o_id   | flightDate   | p_id                     | name     |
+--------+--------------+--------------------------+----------+
|      12 | 2022-08-26 | 123698547852369874 | 曹操     |
|      13 | 2022-08-26 | 123698547852369874 | 曹操     |
|      19 | 2022-08-26 | 123698547852369874 | 曹操     |
|      28 | 2022-08-26 | 123698547852369874 | 曹操     |
|      33 | 2022-08-26 | 123698547852369874 | 曹操     |
| NULL | NULL       | 147891236548546321 | 貂_蝉   |
|       2 | 2022-08-26 | 156487953214789632 | 关羽     |
|      16 | 2022-08-26 | 156487953214789632 | 关羽     |
|      18 | 2022-08-26 | 156487953214789632 | 关羽     |
………………此处省略部分查询结果…………………………
```

```
+--------+--------------+---------------------------+----------+
34 rows in set (0.00 sec)
```

（26）查询乘客中年龄小于平均年龄的乘客信息。

SQL 语句和执行结果如下：

```
mysql> SELECT * FROM passenger WHERE age < (SELECT AVG(age) FROM passenger);
+-------------------------+-----------+--------+-----+-------------+----------------+
| p_id                    | name      | gender | age | birthday    | tel            |
+-------------------------+-----------+--------+-----+-------------+----------------+
| 147891236548546321 | 貂_蝉   | 女     |  20 | 2003-05-14 | 11134645740 |
| 321654987456987123 | 周瑜     | 男     |  35 | 1988-08-17 | 11196439458 |
| 412589653216549874 | 蔡文姬   | 女     |  18 | 2005-04-14 | 11183814578 |
| 412691236548549632 | 甄宓     | 女     |  20 | 2003-03-18 | 11146745734 |
| 456987123654789321 | 曹丕     | 男     |  39 | 1984-08-27 | 11146104787 |
| 741258963214785369 | 朱隽     | 女     |  18 | 2005-02-20 | 11183817054 |
+-------------------------+-----------+--------+-----+-------------+----------------+
```

（27）使用 IN 语句查询航班型号是“吴国波音 738”的订单信息。

SQL 语句和执行结果如下：

```
mysql> SELECT * FROM orders WHERE f_id IN (SELECT f_id FROM flight WHERE model = '吴国波音 738');
+-----+-------------------------+----------+-------------+-----------+-----+----------+------+
| o_id | p_id                   | f_id     | flightDate  | grade     | seat | price    | gate |
+-----+-------------------------+----------+-------------+-----------+-----+----------+------+
|   2 | 156487953214789632 | 9C6859 | 2022-08-26 | 经济舱 | 6E   | 1050.00 | 2    |
|  28 | 123698547852369874 | 9C7027 | 2022-08-26 | 经济舱 | 15C  |  510.00 | 5    |
|  29 | 369874125896547123 | 9C7027 | 2022-08-26 | 经济舱 | 12A  |  510.00 | 5    |
|  20 | 785463219874563214 | 9C8673 | 2022-08-26 | 经济舱 | 13C  |  560.00 | 2    |
|  23 | 369874125896547123 | 9C8673 | 2022-08-26 | 经济舱 | 8C   |  560.00 | 3    |
|  24 | 982536014789632541 | 9C8673 | 2022-08-26 | 经济舱 | 9A   |  560.00 | 3    |
|  32 | 156487953214789632 | 9C8673 | 2022-08-26 | 头等舱 | 1B   | 2320.00 | 3    |
|  33 | 123698547852369874 | 9C8673 | 2022-08-26 | 商务舱 | 4A   | 1730.00 | 3    |
|  14 | 785463219874563214 | 9C8899 | 2022-08-26 | 经济舱 | 10F  |  890.00 | 4    |
|  18 | 156487953214789632 | 9C8975 | 2022-08-26 | 经济舱 | 9C   |  460.00 | 3    |
……………………………………此处省略部分查询结果……………………………………
+-----+-------------------------+----------+-------------+-----------+-----+----------+------+
18 rows in set (0.00 sec)
```

（28）使用 NOT IN 语句查询航班型号不是“吴国波音 738”的订单信息。

SQL 语句和执行结果如下：

```
mysql> SELECT * FROM orders WHERE f_id NOT IN (SELECT f_id FROM flight WHERE model =
'吴国波音 738');
+-----+-------------------------+----------+-------------+-----------+------+---------+-----+
```

```
| o_id | p_id               | f_id   | flightDate | grade  | seat | price   | gate |
+------+--------------------+--------+------------+--------+------+---------+------+
|    1 | 982536014789632541 | 9C7411 | 2022-08-26 | 经济舱 | 8B   |  780.00 | 3    |
|    3 | 369874125896547123 | CW3101 | 2022-08-26 | 商务舱 | 2A   | 2680.00 | 6    |
|   13 | 123698547852369874 | CZ3109 | 2022-08-26 | 商务舱 | 3C   | 2680.00 | 3    |
|   15 | 369874125896547123 | NS3287 | 2022-08-26 | 商务舱 | 2B   | 2880.00 | 4    |
|   16 | 156487953214789632 | PN6411 | 2022-08-26 | 经济舱 | 13D  |  890.00 | 2    |
|   17 | 982536014789632541 | WL3121 | 2022-08-26 | 经济舱 | 7B   |  920.00 | 5    |
|   19 | 123698547852369874 | KN2336 | 2022-08-26 | 经济舱 | 8D   |  620.00 | 3    |
|   22 | 369874125896547123 | CZ3109 | 2022-08-26 | 商务舱 | 4B   | 2880.00 | 3    |
+------+--------------------+--------+------------+--------+------+---------+------+
8 rows in set (0.00 sec)
```

（29）使用 EXISTS 语句查询航班型号是“吴国波音 738”的订单信息。

SQL 语句和执行结果如下：

```
mysql> SELECT * FROM orders o WHERE EXISTS(SELECT * FROM flight f WHERE o.f_id = f.f_id
AND model = '吴国波音 738');
+------+--------------------+--------+------------+--------+------+---------+------+
| o_id | p_id               | f_id   | flightDate | grade  | seat | price   | gate |
+------+--------------------+--------+------------+--------+------+---------+------+
|    2 | 156487953214789632 | 9C6859 | 2022-08-26 | 经济舱 | 6E   | 1050.00 | 2    |
|   11 | 785463219874563214 | CZ3132 | 2022-08-26 | 经济舱 | 12E  | 1250.00 | 5    |
|   12 | 123698547852369874 | NS3223 | 2022-08-26 | 经济舱 | 9C   |  760.00 | 5    |
|   14 | 785463219874563214 | 9C8899 | 2022-08-26 | 经济舱 | 10F  |  890.00 | 4    |
|   18 | 156487953214789632 | 9C8975 | 2022-08-26 | 经济舱 | 9C   |  460.00 | 3    |
|   20 | 785463219874563214 | 9C8673 | 2022-08-26 | 经济舱 | 13C  |  560.00 | 2    |
|   21 | 982536014789632541 | NS3235 | 2022-08-26 | 经济舱 | 5E   | 1050.00 | 5    |
|   23 | 369874125896547123 | 9C8673 | 2022-08-26 | 经济舱 | 8C   |  560.00 | 3    |
|   24 | 982536014789632541 | 9C8673 | 2022-08-26 | 经济舱 | 9A   |  560.00 | 3    |
|   25 | 369874125896547123 | 9C8975 | 2022-08-26 | 经济舱 | 6C   |  460.00 | 3    |
|   26 | 785463219874563214 | 9C8975 | 2022-08-26 | 经济舱 | 6B   |  460.00 | 3    |
|   27 | 982536014789632541 | 9C8975 | 2022-08-26 | 经济舱 | 5F   |  460.00 | 3    |
|   28 | 123698547852369874 | 9C7027 | 2022-08-26 | 经济舱 | 15C  |  510.00 | 5    |
|   29 | 369874125896547123 | 9C7027 | 2022-08-26 | 经济舱 | 12A  |  510.00 | 5    |
|   30 | 156487953214789632 | NS3507 | 2022-08-26 | 经济舱 | 7E   |  420.00 | 4    |
|   31 | 982536014789632541 | NS3507 | 2022-08-26 | 经济舱 | 8C   |  420.00 | 4    |
|   32 | 156487953214789632 | 9C8673 | 2022-08-26 | 头等舱 | 1B   | 2320.00 | 3    |
|   33 | 123698547852369874 | 9C8673 | 2022-08-26 | 商务舱 | 4A   | 1730.00 | 3    |
+------+--------------------+--------+------------+--------+------+---------+------+
18 rows in set (0.00 sec)
```

（30）查询价格比任一商务舱价格都便宜的座位信息。

SQL 语句和执行结果如下：

```
mysql> SELECT * FROM seat WHERE fullPrice < ANY(SELECT fullPrice FROM seat WHERE grade =
```

```
'商务舱');
+----+----------+--------------+-----------+-------+----------------+------------+
| s_id | f_id   | flightDate   | grade     | seats | availableSeats | fullPrice |
+----+----------+--------------+-----------+-------+----------------+------------+
|    1 | 9C8643 | 2022-06-21 | 头等舱   |     4 |              4 |   2600.00 |
|    2 | 9C8643 | 2022-06-21 | 商务舱   |     8 |              8 |   2200.00 |
|    3 | 9C8643 | 2022-06-21 | 经济舱   |   172 |            172 |   1610.00 |
|    6 | NS3223 | 2022-06-21 | 头等舱   |     2 |              2 |   2900.00 |
|    7 | NS3223 | 2022-06-21 | 商务舱   |     6 |              6 |   2500.00 |
|    8 | NS3223 | 2022-06-21 | 经济舱   |   154 |            154 |   1610.00 |
|    9 | KN2336 | 2022-06-21 | 头等舱   |     2 |              2 |   2780.00 |
|   10 | KN2336 | 2022-06-21 | 商务舱   |     6 |              6 |   2120.00 |
……………………………………………此处省略部分查询结果……………………………………………
+----+----------+--------------+-----------+-------+----------------+------------+
54 rows in set (0.00 sec)
```

（31）查询价格比所有商务舱价格都便宜的座位信息。

SQL语句和执行结果如下：

```
mysql> SELECT * FROM seat WHERE fullPrice < ALL(SELECT fullPrice FROM seat WHERE grade =
'商务舱');
+----+----------+--------------+-----------+-------+----------------+-----------+
| s_id | f_id   | flightDate   | grade     | seats | availableSeats | fullPrice |
+----+----------+--------------+-----------+-------+----------------+-----------+
|   11 | KN2336 | 2022-06-21 | 经济舱   |   162 |            162 |   1080.00 |
|   16 | NS3507 | 2022-06-21 | 经济舱   |   140 |            138 |   1080.00 |
|   19 | 9C7027 | 2022-06-21 | 经济舱   |   142 |            141 |   1080.00 |
|   26 | 9C8673 | 2022-06-21 | 经济舱   |   140 |            137 |   1080.00 |
|   57 | CA2733 | 2022-06-21 | 经济舱   |   174 |            174 |   1130.00 |
|   60 | CZ3109 | 2022-06-21 | 经济舱   |   296 |            296 |   1130.00 |
|   63 | CZ3907 | 2022-06-21 | 经济舱   |   302 |            302 |   1130.00 |
+----+----------+--------------+-----------+-------+----------------+-----------+
7 rows in set (0.00 sec)
```

项目评价

知识掌握情况评分（40分）				
序号	知识考核点	教师评价	配分	得分
1	SELECT语句的基本用法		10	
2	条件查询的基本方法		10	
3	多表查询的基本方法		10	
4	数据表的统计与排序的基本方法		10	

续表

任务完成情况评分（60分）				
序号	操作能力考核点	教师评价	配分	得分
1	单表查询		20	
2	多表查询		20	
3	统计与排序查询		20	
违纪扣分（20分）				
序号	违纪考查点	教师评价	分数	扣分
1	课上吃东西		5	
2	课上打游戏		5	
3	课上打电话		5	
4	其他扰乱课堂秩序的行为		5	

项目小结

- 查询是数据库中最常进行的操作之一，可使用 SELECT 语句进行数据查询。
- SELECT 语句基本的语法格式包括 SELECT 和 FROM 两部分。
- SELECT 语句中可以加 WHERE 子句，用于指明查询条件。
- SELECT 语句中可以加 ORDER BY 子句，用于对查询结果进行排序。
- SELECT 语句中可以加 LIMIT 子句，用于对查询结果的输出数量进行限制。
- SELECT 语句中可以使用集合函数，用于对查询结果进行统计。
- SELECT 语句中可以连接查询和子查询，这是实现多表查询的常用方式。
- SELECT 语句中可以加 GROUP BY 子句，用于对查询结果进行分组。

项目 5

使用数据视图

项目概述

数据库中的表是按照数据存储最佳模式设计的。但在使用过程中，因为需求不同，用户能看到的或者关心的可能是某个基本表中的部分数据，也可能是多个表的数据组合。例如，客户需要看到商品表中的商品属性，管理员需要看到商品表中的成本价；管理员处理客户订单时，需要看到分散在订单表、订单明细表、商品表等多个表中的数据。因此，需要从用户角度定义新的数据视图。

素养提升

电商经济方兴未艾，在层出不穷的新业态中，电商平台、大数据平台起到至关重要的作用，MySQL 技术在平台开发过程中大有作为。在数据库中，视图是从一个或多个数据表中导出的虚表，用户可以通过视图了解数据库中数据表的基本信息，达到透过现象看本质的目的。我们在编写 SQL 程序时务必做到认真仔细、精益求精、注重细节和规范，注意融会贯通，拓展思维，培养举一反三的学习能力；形成利用先进思维方法解决问题的理念。

项目目标

知识目标

（1）理解视图的功能和作用。

（2）掌握创建和管理视图的 SQL 语句的语法。

（3）掌握通过视图操纵基本表数据的要点和方法。

技能目标

（1）学会运用 SQL 语句创建和管理数据视图。

（2）学会通过视图操纵基本表数据。

素质目标

通过本项目的学习，使学生理解视图的概念和基本功能，引导学生在掌握基本查询技能的基础上，拓展思维，深入学习思考，对事物的发展方向做出判断，防患于未然。

任务1 认识视图

5.1.1 视图概念

视图是从一个或多个表（或视图）导出的表。视图与表（又称基本表，Base Table）不同，视图是一个虚表，表的结构和数据都依赖于基本表，即视图所对应的数据不进行实际存储，数据库中只存储视图的定义，对视图的数据进行操作时，系统根据视图的定义去操作与视图相关联的基本表。

5-1 视图的基本操作

5.1.2 使用视图的优势

视图一经定义，就可以像表一样被查询、修改、删除和更新。

（1）为用户集中数据，简化用户的数据查询和处理流程。有时用户所需要的数据分散在多个表中，定义视图可将多个物理数据表抽象为一个逻辑数据表，从而方便用户进行数据查询和处理。

（2）屏蔽数据库的复杂性。用户不必了解复杂的数据库中的表结构，并且数据库表的更改也不影响用户对数据库的使用。

（3）简化用户权限的管理。只需授予用户使用视图的权限，不必指定用户只能使用表的特定列，防止未经许可的用户访问敏感数据，增加了系统安全性。

（4）便于数据共享。各用户不必都去定义和存储自己需要的数据，可共享数据库的数据。这样，同样的数据只需存储一次。

（5）可以重新组织数据以便输出到其他应用程序中。视图可以提高数据的逻辑独立性，也可以增加一定的安全性。

任务2 创建与查看视图

5.2.1 创建视图

创建视图的语法格式如下：

```
CREATE [OR REPLACE] VIEW 视图名 [(列名列表)]
AS SELECT 语句
[WITH [CASCADED | LOCAL] CHECK OPTION]
```

语法说明如下：

- 列名列表。使用可选的列名列表子句为视图的列定义明确的名称，在列名列表子句中用英文半角逗号隔开列名。列名列表中的名称数目必须等于 SELECT 语句检索的列数。若使用与源表或视图中相同的列名时，可以省略列名列表。
- OR REPLACE。给定 OR REPLACE 子句，语句能够替换已有的同名视图。
- SELECT 语句。用来创建视图的 SELECT 语句，可在 SELECT 语句中查询多个表或视图。
- WITH CHECK OPTION。指出在可更新视图上进行的修改都要符合 SELECT 语句所指定的限制条件，这样可以确保修改后仍可通过视图看到所修改的数据。当视图是根据另一个视图定义的时，WITH CHECK OPTION 会给出两个参数 LOCAL 和 CASCADED，用于决定检查测试的范围。LOCAL 关键字使 CHECK OPTION 只对定义的视图进行检查，CASCADED 则会对所有视图进行检查，默认值为 CASCADED。

使用视图时，要注意以下事项：

（1）默认情况下，将在当前数据库创建新视图。要想在给定数据库中创建视图，创建时应将名称指定为数据库名 . 视图名。

（2）视图的命名必须遵循标志符命名规则，不能与表同名，且对每个用户视图名必须是唯一的，即对不同用户，即使是定义相同的视图，也必须使用不同的名字。

（3）不能把规则、默认值或触发器与视图相关联。

（4）不能在视图上建立任何索引，包括全文索引。

（5）视图中使用 SELECT 语句有以下的限制：

1）定义视图的用户必须对所参照的表或视图有查询（即可执行 SELECT 语句）权限；在定义中引用的表或视图必须存在。

2）不能包含 FROM 子句中的子查询；不能引用系统或用户变量；不能引用预处理语句参数。

3）在视图定义中允许使用 ORDER BY 子句，但如果对视图进行查询，查询语句中也含有 ORDER BY，则视图定义中的 ORDER BY 将被忽略。

【例 5-1】 创建视图，查询飞机型号为“蜀国空客 320”的航班 ID、起飞城市、到达城市及到达时间。

SQL 语句和执行结果如下：

```
mysql> CREATE VIEW v_view1
    -> AS
    -> SELECT f_id,fromCity,toCity,departureTime
    -> FROM flight
    -> WHERE model=' 蜀国空客 320';
Query OK, 0 rows affected (0.01 sec)
```

5.2.2 查询视图

视图定义后，就可以如同查询基本表那样对视图进行查询。

【例 5-2】 查询视图。

SQL 语句和执行结果如下：

```
mysql> SELECT * FROM v_view1;
+----------+------------+--------+------------------+
| f_id     | fromCity | toCity | departureTime |
+----------+------------+--------+------------------+
| 3U8962  | 兖州       | 豫州   | 11:35:00         |
| 9C7411  | 青州       | 幽州   | 21:30:00         |
| 9C8643  | 兖州       | 豫州   | 11:15:00         |
```

```
| CA2733 | 荆州     | 兖州   | 06:40:00       |
| CW3101 | 夷陵     | 兖州   | 14:45:00       |
| JD5303 | 徐州     | 青州   | 14:55:00       |
| KN2336 | 冀州     | 扬州   | 19:50:00       |
| NS3287 | 徐州     | 青州   | 16:20:00       |
| PN6411 | 汉中     | 南中   | 17:00:00       |
| WS3121 | 夷陵     | 兖州   | 16:30:00       |
+----------+------------+--------+---------------+
10 rows in set (0.00 sec)
```

【例 5-3】 根据条件查询视图。

SQL 语句和执行结果如下：

```
mysql> SELECT * FROM v_view1 WHERE f_id='CW3101';
+----------+----------+--------+---------------+
| f_id     | fromCity | toCity | departureTime |
+----------+----------+--------+---------------+
| CW3101 | 夷陵     | 兖州   | 14:45:00      |
+----------+----------+--------+---------------+
1 row in set (0.00 sec)
```

【例 5-4】 创建多表联合视图。

SQL 语句和执行结果如下：

```
mysql> CREATE VIEW v_view2
    -> AS
    -> SELECT f_id,c_name,model,fromCity,toCity,departureTime,hotLine
    -> FROM aircompany a,flight f
    -> WHERE a.a_id=f.a_id AND model=' 蜀国空客 320';
Query OK, 0 rows affected (0.01 sec)

mysql> SELECT * FROM v_view2;
+----------+------------+---------------+----------+--------+---------------+---------------+
| f_id     | c_name     | model         | fromCity | toCity | departureTime | hotLine       |
+----------+------------+---------------+----------+--------+---------------+---------------+
| 3U8962 | 南中航空 | 蜀国空客 320 | 兖州     | 豫州   | 11:35:00      | 0816-1234567 |
| 9C7411 | 南中航空 | 蜀国空客 320 | 青州     | 幽州   | 21:30:00      | 0816-1234567 |
| 9C8643 | 豫州航空 | 蜀国空客 320 | 兖州     | 豫州   | 11:15:00      | 0551-1234567 |
| CA2733 | 夷陵航空 | 蜀国空客 320 | 荆州     | 兖州   | 06:40:00      | 027-1234567  |
| CW3101 | 夷陵航空 | 蜀国空客 320 | 夷陵     | 兖州   | 14:45:00      | 027-1234567  |
| JD5303 | 荆州航空 | 蜀国空客 320 | 徐州     | 青州   | 14:55:00      | 0736-1234567 |
| KN2336 | 豫州航空 | 蜀国空客 320 | 冀州     | 扬州   | 19:50:00      | 0551-1234567 |
| NS3287 | 荆州航空 | 蜀国空客 320 | 徐州     | 青州   | 16:20:00      | 0736-1234567 |
| PN6411 | 荆州航空 | 蜀国空客 320 | 汉中     | 南中   | 17:00:00      | 0736-1234567 |
| WS3121 | 兖州航空 | 蜀国空客 320 | 夷陵     | 兖州   | 16:30:00      | 0536-1234567 |
```

```
+----------+------------+---------------+----------+--------+----------------+-----------------+
10 rows in set (0.00 sec)
```

5.2.3 查看视图

1. 使用 DESCRIBE 语句查看视图结构

在 MySQL 中，使用 DESCRIBE 语句可以查看视图结构，即视图的字段信息，包括字段名、字段类型等。

DESCRIBE 语句的语法格式如下：

```
DESCRIBE 视图名 ;
```

或简写为

```
DESC 视图名 ;
```

【例 5－5】 使用 DESCRIBE 语句查看视图 v_view2 的结构。

SQL 语句和执行结果如下：

```
mysql> DESC v_view2;
+---------------+--------------+------+-----+---------+-------+
| Field         | Type         | Null | Key | Default | Extra |
+---------------+--------------+------+-----+---------+-------+
| f_id          | varchar(50)  | NO   |     | NULL    |       |
| c_name        | varchar(50)  | YES  |     | NULL    |       |
| model         | varchar(50)  | YES  |     | NULL    |       |
| fromCity      | varchar(50)  | YES  |     | NULL    |       |
| toCity        | varchar(50)  | YES  |     | NULL    |       |
| departureTime | time         | YES  |     | NULL    |       |
| hotLine       | varchar(100) | YES  |     | NULL    |       |
+---------------+--------------+------+-----+---------+-------+
7 rows in set (0.00 sec)
```

2. 使用 SHOW TABLE STATUS 语句查看视图

语法格式如下：

```
SHOW TABLE STATUS LIKE ' 视图名 ';
```

语法说明如下：

- LIKE。表示后面是匹配字符串。
- 视图名。要查看的视图名称，可以是一个具体的视图名，也可以包含通配符。视图名称要用单引号括起来。可以在视图名后加上 \G，表示可以格式化输出。

【例 5－6】 使用 SHOW TABLE STATUS 语句查看视图 v_view2。

SQL 语句和执行结果如下：

```
mysql> show table status like 'v_view2' \G;
*************************** 1. row ***************************
```

```
           Name: v_view2
         Engine: NULL
        Version: NULL
     Row_format: NULL
           Rows: NULL
 Avg_row_length: NULL
    Data_length: NULL
Max_data_length: NULL
   Index_length: NULL
      Data_free: NULL
 Auto_increment: NULL
    Create_time: 2023-06-16 08:48:11
    Update_time: NULL
     Check_time: NULL
      Collation: NULL
       Checksum: NULL
 Create_options: NULL
        Comment: VIEW
1 row in set (0.00 sec)
```

从执行结果可以看到，Comment 的值为 VIEW，说明所查看的 v_view2 是一个视图。存储引擎（Engine）、数据长度（Data_length）、索引长度（Index_length）等信息都显示为 NULL，说明视图是虚拟表。

3. 使用 SHOW CREATE VIEW 语句查看视图

使用 SHOW CREATE VIEW 语句不仅可以查看创建视图的定义语句，还可以查看视图的字符编码。语法格式如下：

```
SHOW CREATE VIEW 视图名 ;
```

可以在视图名后加上 \G，表示可以格式化输出。

【例 5－7】 使用 SHOW CREATE VIEW 语句查看视图 v_view2。

SQL 语句和执行结果如下：

```
mysql> show create view v_view2\G;
*************************** 1. row ***************************
       View: v_view2
      Create View: CREATE ALGORITHM=UNDEFINED DEFINER=`root`@`localhost` SQL SECURITY DEFINER VIEW `v_view2` AS select `f`.`f_id` AS `f_id`,`a`.`c_name` AS `c_name`,`f`.`model` AS `model`,`f`.`fromCity` AS `fromCity`,`f`.`toCity` AS `toCity`,`f`.`departureTime` AS `departureTime`,`a`.`hotLine` AS `hotLine` from (`aircompany` `a` join `flight` `f`) where ((`a`.`a_id` = `f`.`a_id`) and (`f`.`model` = '蜀国空客 320'))
character_set_client: utf8mb3
collation_connection: utf8mb3_general_ci
1 row in set (0.00 sec)
```

任务 3 管理视图

5.3.1 修改视图定义

1. 使用 CREATE OR REPLACE VIEW 语句修改视图定义

语法格式如下：

```
CREATE OR REPLACE VIEW 视图名 [( 列名列表 )]
AS SELECT 语句
[WITH [CASCADED | LOCAL] CHECK OPTION]
```

使用 CREATE OR REPLACE VIEW 语句创建视图时，如果视图已经存在，则用语句中的视图定义修改已存在的视图。如果视图不存在，则创建一个视图。

2. 使用 ALTER VIEW 语句修改视图定义

使用 ALTER 语句可以对已有视图的定义进行修改。

语法格式如下：

```
ALTER VIEW 视图名 [( 列名列表 )] AS select 语句 [WITH [CASCADED | LOCAL] CHECK OPTION]
```

ALTER VIEW 语句的语法和 CREATE VIEW 类似。

【例 5－8】 修改视图定义。

SQL 语句和执行结果如下：

```
mysql> ALTER VIEW v_view1
    -> AS
    -> SELECT f_id,fromCity,toCity,departureTime
    -> FROM flight
    -> WHERE model=' 吴国波音 738';
Query OK, 0 rows affected (0.00 sec)
mysql> SELECT * FROM v_view1;
+----------+------------+--------+----------------+
| f_id     | fromCity | toCity | departureTime |
+----------+------------+--------+----------------+
| 9C6859 | 汉中    | 南中 | 11:51:00       |
| 9C7027 | 凉州    | 荆州 | 08:06:00       |
| 9C8673 | 凉州    | 荆州 | 15:55:00       |
| 9C8899 | 青州    | 幽州 | 08:45:00       |
| 9C8975 | 凉州    | 荆州 | 09:04:00       |
| CZ3132 | 司州    | 青州 | 08:03:00       |
| GX2039 | 青州    | 幽州 | 20:00:00       |
| KN2397 | 汉中    | 南中 | 13:05:00       |
| NS3223 | 兖州    | 豫州 | 19:30:00       |
| NS3235 | 徐州    | 青州 | 07:41:00       |
| NS3267 | 汉中    | 南中 | 08:31:00       |
```

```
| NS3507 | 凉州     | 荆州   | 15:00:00       |
+----------+------------+--------+----------------+
12 rows in set (0.00 sec)
```

5.3.2 更新视图

更新视图是指通过视图来插入、更新、删除表中的数据。因为视图是一个虚拟表，其中没有数据，因此通过视图更新数据时，其实是在更新基本表中的数据，如果对视图增加或删除记录，实际上是对其基本表增加或删除记录。更新视图主要有 3 种方法：INSERT、UPDATE 和 DELETE。

要通过视图更新基本表数据，必须确保视图是可更新视图，即可以在 INSERT、UPDATE 或 DELETE 等语句中使用它们。对于可更新的视图，视图中的行和基本表中的行之间必须具有一对一的关系。此外，若视图包含以下结构中的任何一种，其就是不可更新的。

（1）聚合函数。

（2）DISTINCT 关键字。

（3）GROUP BY 子句。

（4）ORDER BY 子句。

（5）HAVING 子句。

（6）UNION 运算符。

（7）位于选择列表中的子查询。

（8）FROM 子句中包含多个表。

（9）SELECT 语句中引用了不可更新的视图。

（10）WHERE 子句中的子查询，引用 FROM 子句中的表。

1. 使用 INSERT 语句更新视图

在 MySQL 中，可以使用 INSERT 语句对视图中的基本表插入一条记录。

2. 使用 UPDATE 语句更新视图

在 MySQL 中，可以使用 UPDATE 语句对视图中原有的数据进行更新。

【例 5－9】 将“航班时刻表（flight）”中航班号为 3U8962 的起飞城市更新为“汉中”，并再次查看视图 v_view2。

SQL 语句和执行结果如下：

```
mysql> UPDATE flight SET fromCity=' 汉中 ' WHERE f_id='3U8962';
Query OK, 1 row affected (0.02 sec)
Rows matched: 1  Changed: 1  Warnings: 0
mysql> SELECT * FROM v_view2;
+----------+------------+----------------+----------+--------+----------------+----------------+
| f_id     | c_name     | model          | fromCity | toCity | departureTime | hotLine        |
+----------+------------+----------------+----------+--------+----------------+----------------+
| 3U8962   | 南中航空 | 蜀国空客 320 | 汉中     | 豫州   | 11:35:00       | 0816-1234567 |
| 9C7411   | 南中航空 | 蜀国空客 320 | 青州     | 幽州   | 21:30:00       | 0816-1234567 |
```

```
| 9C8643  | 豫州航空 | 蜀国空客 320 | 兖州      | 豫州    | 11:15:00      | 0551-1234567 |
| CA2733  | 夷陵航空 | 蜀国空客 320 | 荆州      | 兖州    | 06:40:00      | 027-1234567  |
| CW3101  | 夷陵航空 | 蜀国空客 320 | 夷陵      | 兖州    | 14:45:00      | 027-1234567  |
| JD5303  | 荆州航空 | 蜀国空客 320 | 徐州      | 青州    | 14:55:00      | 0736-1234567 |
| KN2336  | 豫州航空 | 蜀国空客 320 | 冀州      | 扬州    | 19:50:00      | 0551-1234567 |
| NS3287  | 荆州航空 | 蜀国空客 320 | 徐州      | 青州    | 16:20:00      | 0736-1234567 |
| PN6411  | 荆州航空 | 蜀国空客 320 | 汉中      | 南中    | 17:00:00      | 0736-1234567 |
| WS3121  | 兖州航空 | 蜀国空客 320 | 夷陵      | 兖州    | 16:30:00      | 0536-1234567 |
+---------+----------+--------------+-----------+---------+---------------+--------------+
10 rows in set (0.00 sec)
```

【例 5－10】 将视图 v_view2 中航班号为 3U8962 的到达城市更新为“冀州”，并再次查看视图 v_view2。

SQL 语句和执行结果如下：

```
mysql> UPDATE v_view2 SET  toCity=' 冀州 ' WHERE f_id='3U8962';
Query OK, 0 rows affected (0.00 sec)
Rows matched: 1  Changed: 1  Warnings: 0

mysql> SELECT * FROM v_view2;
+---------+----------+--------------+-----------+---------+---------------+--------------+
| f_id    | c_name   | model        | fromCity  | toCity  | departureTime | hotLine      |
+---------+----------+--------------+-----------+---------+---------------+--------------+
| 3U8962  | 南中航空 | 蜀国空客 320 | 汉中      | 冀州    | 11:35:00      | 0816-1234567 |
| 9C8643  | 豫州航空 | 蜀国空客 320 | 兖州      | 豫州    | 11:15:00      | 0551-1234567 |
| CA2733  | 夷陵航空 | 蜀国空客 320 | 荆州      | 兖州    | 06:40:00      | 027-1234567  |
| CW3101  | 夷陵航空 | 蜀国空客 320 | 夷陵      | 兖州    | 14:45:00      | 027-1234567  |
| JD5303  | 荆州航空 | 蜀国空客 320 | 徐州      | 青州    | 14:55:00      | 0736-1234567 |
| KN2336  | 豫州航空 | 蜀国空客 320 | 冀州      | 扬州    | 19:50:00      | 0551-1234567 |
| NS3287  | 荆州航空 | 蜀国空客 320 | 徐州      | 青州    | 16:20:00      | 0736-1234567 |
| PN6411  | 荆州航空 | 蜀国空客 320 | 汉中      | 南中    | 17:00:00      | 0736-1234567 |
| WS3121  | 兖州航空 | 蜀国空客 320 | 夷陵      | 兖州    | 16:30:00      | 0536-1234567 |
+---------+----------+--------------+-----------+---------+---------------+--------------+
9 rows in set (0.00 sec)
```

3. 使用 DELETE 语句更新视图

在 MySQL 中，可以使用 DELETE 语句删除视图中的基本表的部分记录。

5.3.3 删除视图

当不再需要视图时，可以将其删除。删除视图只是将视图的定义删除，并不会影响基本表中的数据。

语法格式如下：

DROP VIEW [IF EXISTS] 视图名 1 [, 视图名 2]……

语句中声明了 IF EXISTS 选项后，如果存在指定视图，则将视图删除；如果视图不存在，也不会出现错误信息。使用 DROP VIEW 语句一次可删除多个视图，多个视图名之间用英文半角逗号隔开。删除视图时必须有 DROP VIEW 权限。

【例 5-11】 删除视图。

SQL 语句和执行结果如下：

```
mysql> DROP VIEW v_view1;
Query OK, 0 rows affected (0.00 sec)
```

任务 4 使用图形界面管理工具操作视图

【例 5-12】 使用图形界面管理工具创建视图 vv_view1，查询飞机型号为“蜀国空客 320”的航班 ID、起飞城市、到达城市及到达时间。

先单击“视图”按钮，如图 5-1 所示，然后单击视图窗口中的“新建视图”按钮或者展开左侧树形目录中的数据库 threekingdomsair，在“视图”上右击，选择“新建视图”快捷菜单命令，如图 5-2 所示，最后出现如图 5-3 所示的窗口。

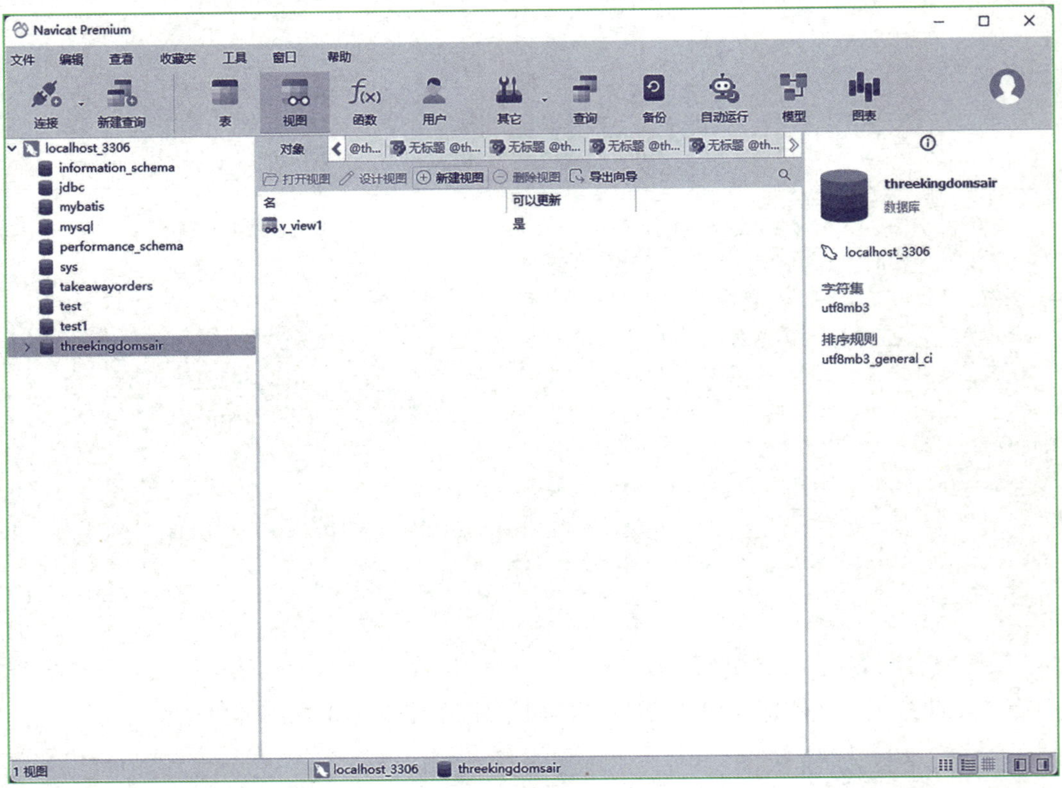

图 5-1 “视图”窗口

在新建的视图窗口中单击“视图创建工具”，打开如图 5-4 所示的“视图创建工具”窗口。将视图要查询的表拖到右侧空白处，单击“SELECT”选项卡下面的“+”按钮，选择要查询的字段，如图 5-5 所示，完成后的效果如图 5-6 所示。单击“FROM”选项卡，选择要查询的表，如图 5-7 所示。单击“WHERE”选项卡，输入查询条件，如

图5-8所示，单击“+”按钮，出现条件表达式，如图5-9所示，单击“=”左侧的值，输入“字段名”，单击“=”右侧的值，输入对应字段的取值，效果如图5-10所示。

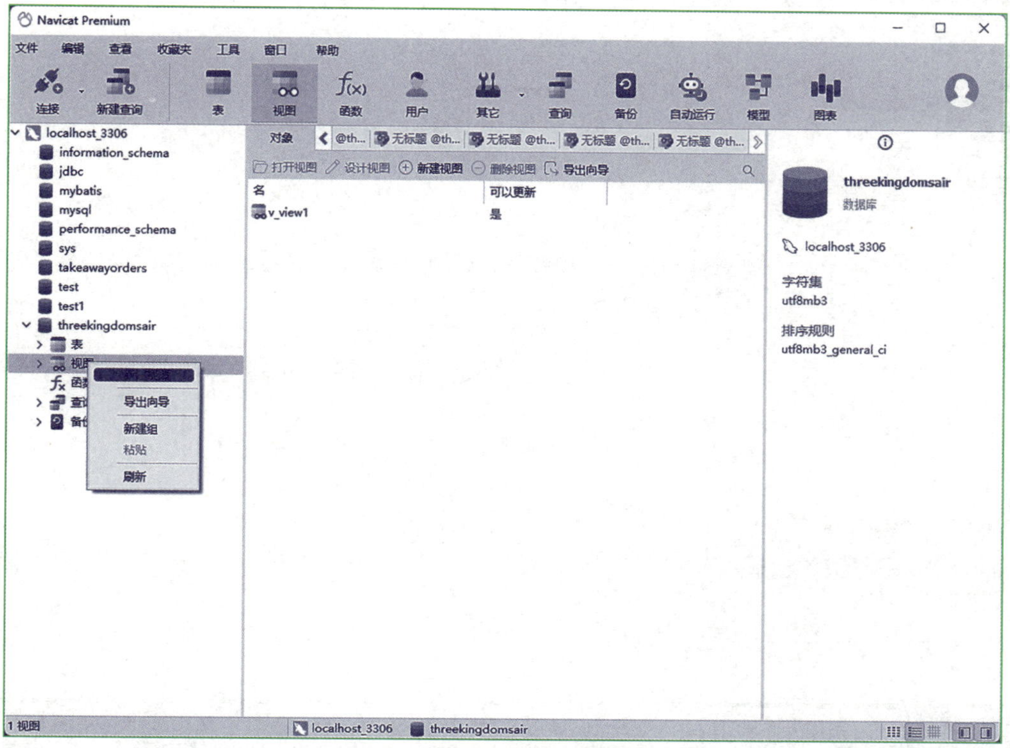

图5-2 “新建视图”快捷菜单命令

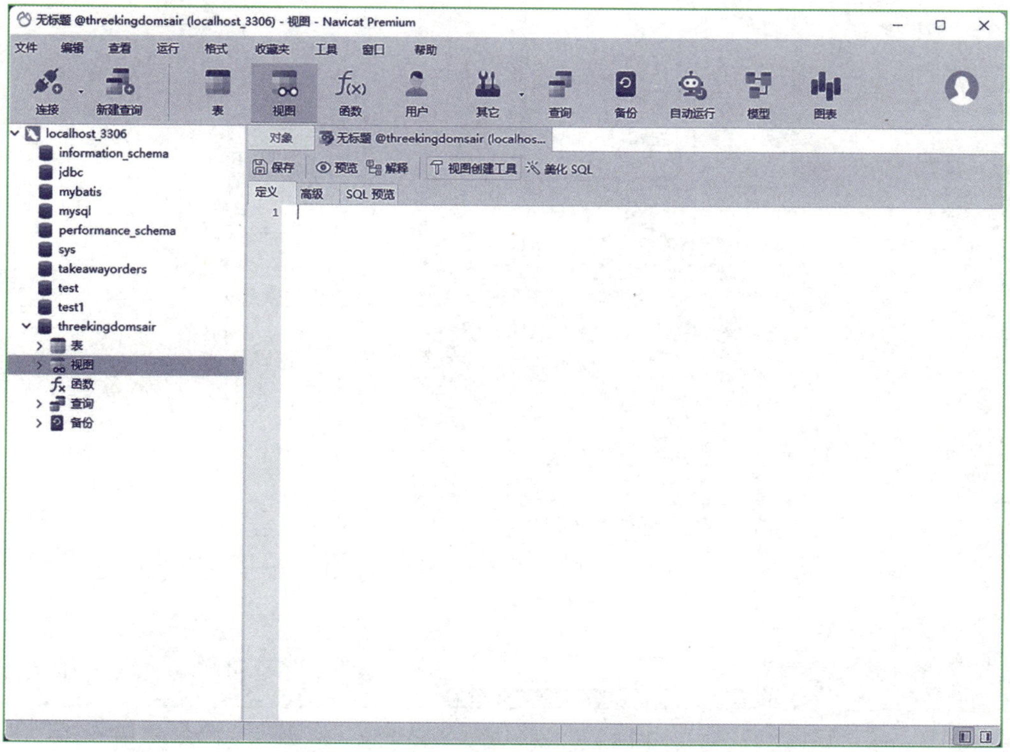

图5-3 新建的视图

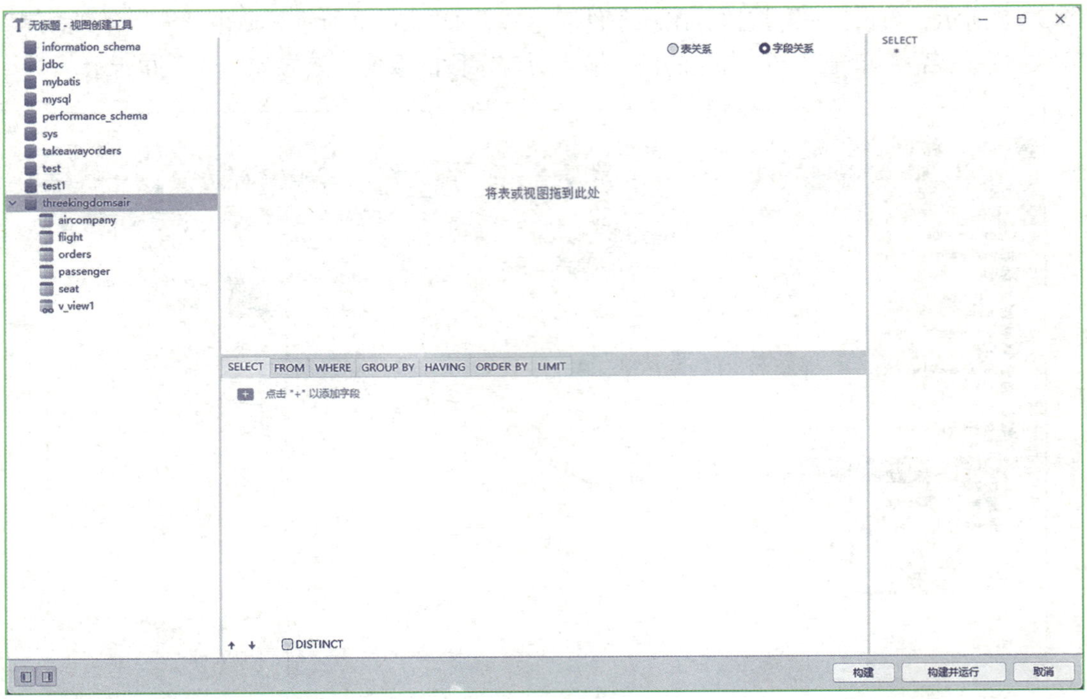

图 5-4 “视图创建工具”窗口

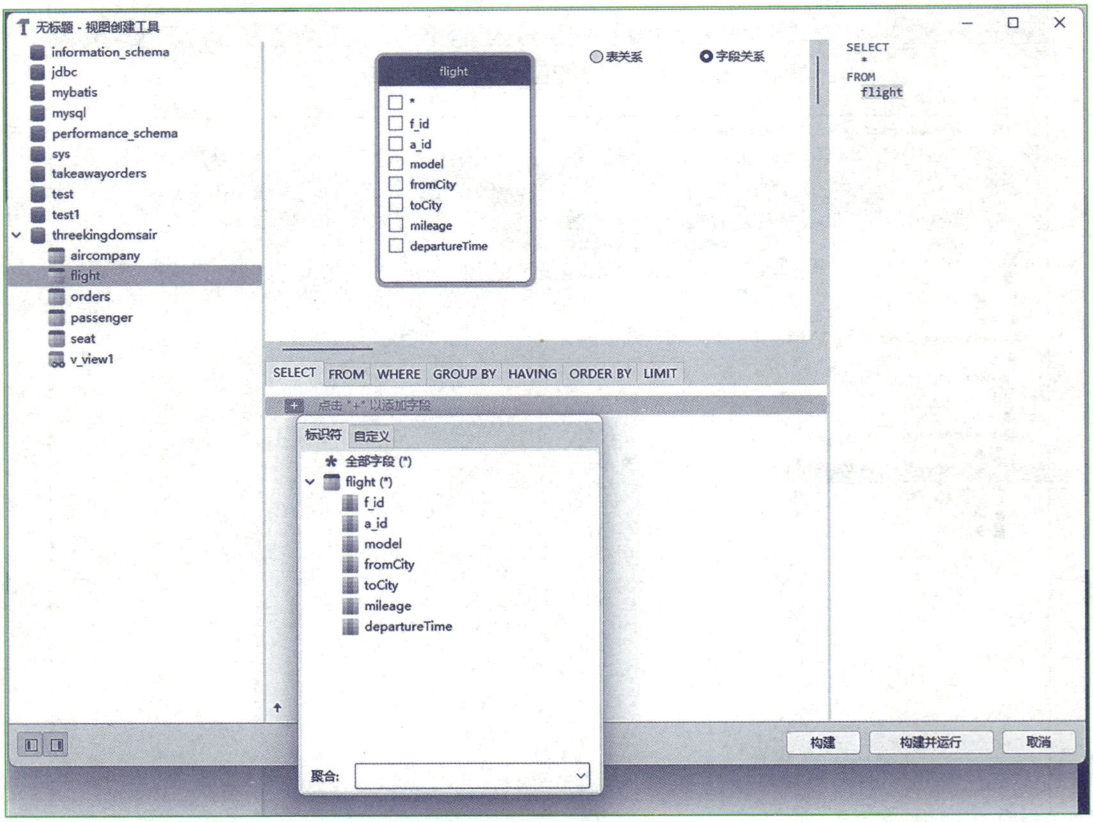

图 5-5 选择要查询的字段

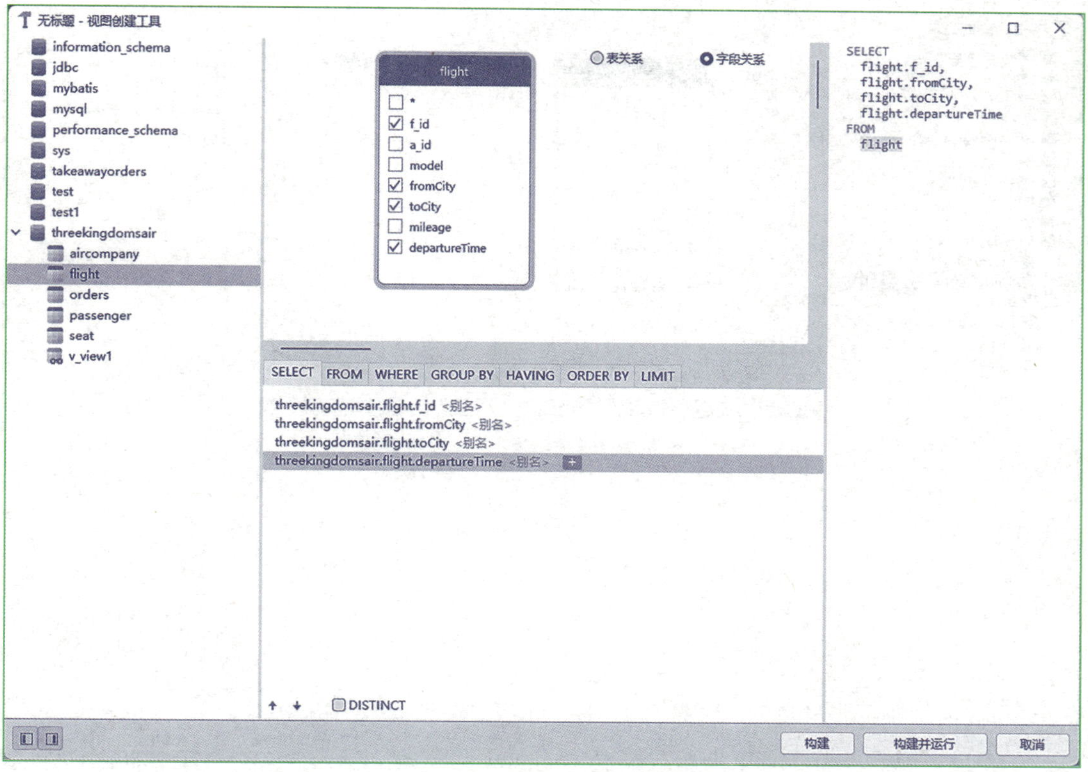

图 5-6　确定查询字段的"SELECT 选项卡"

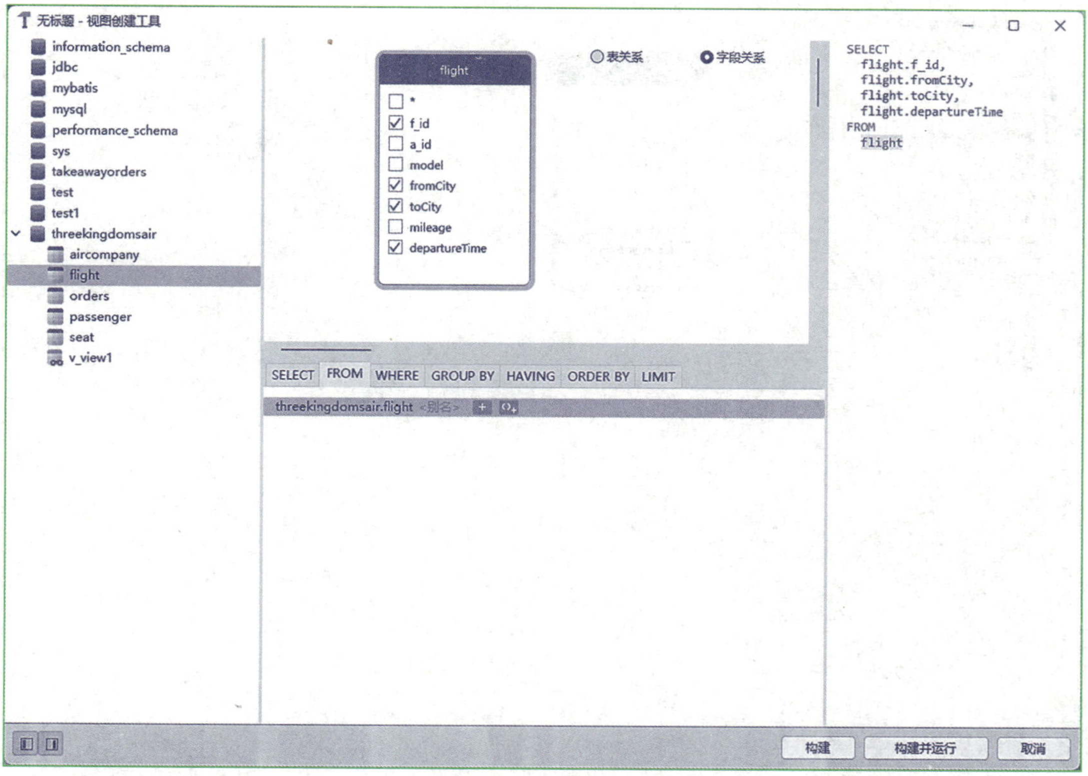

图 5-7　选择要查询的表

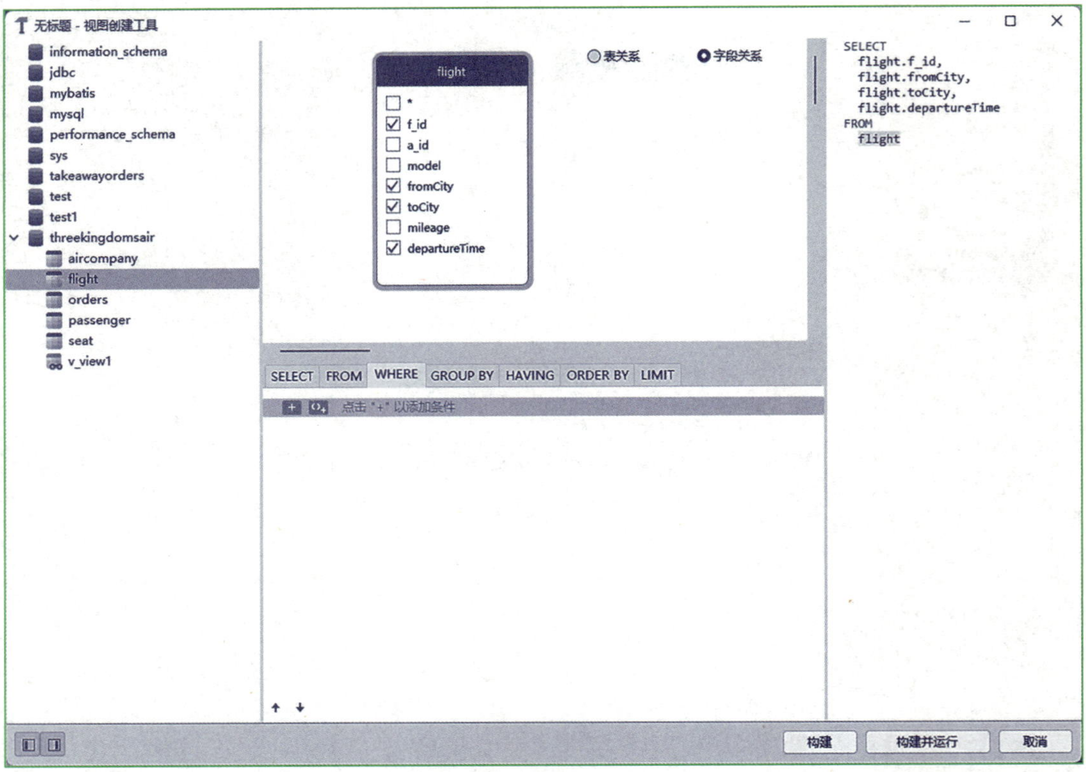

图 5-8　输入查询条件

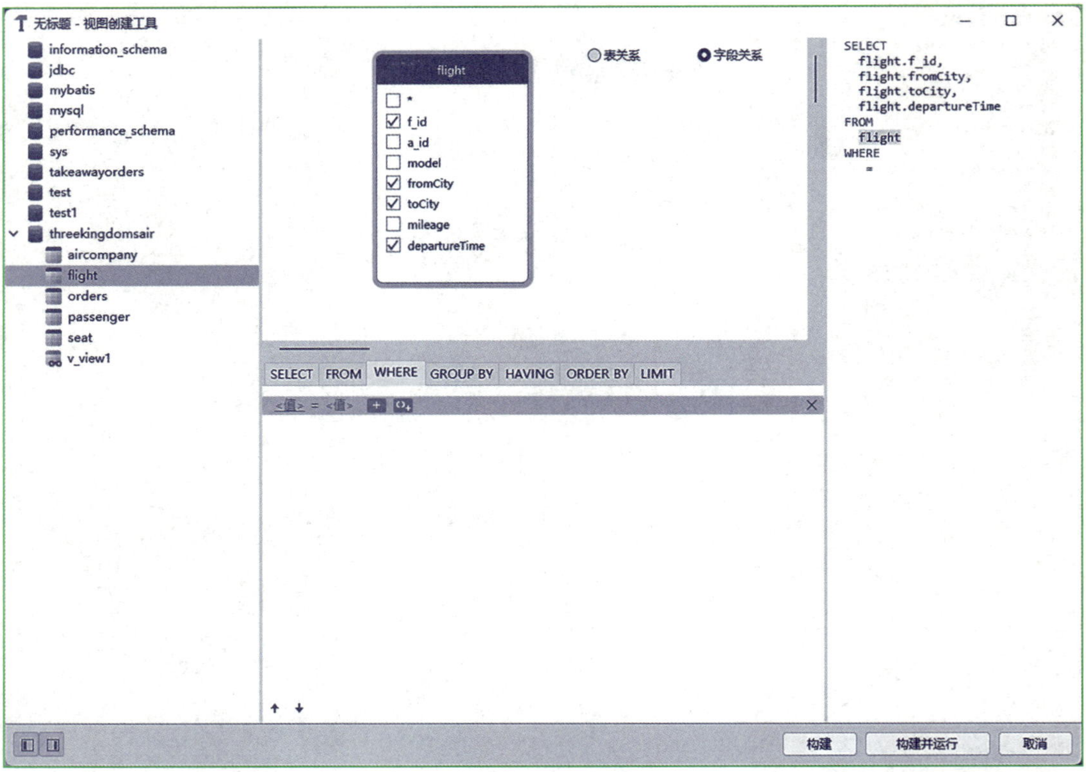

图 5-9　条件表达式

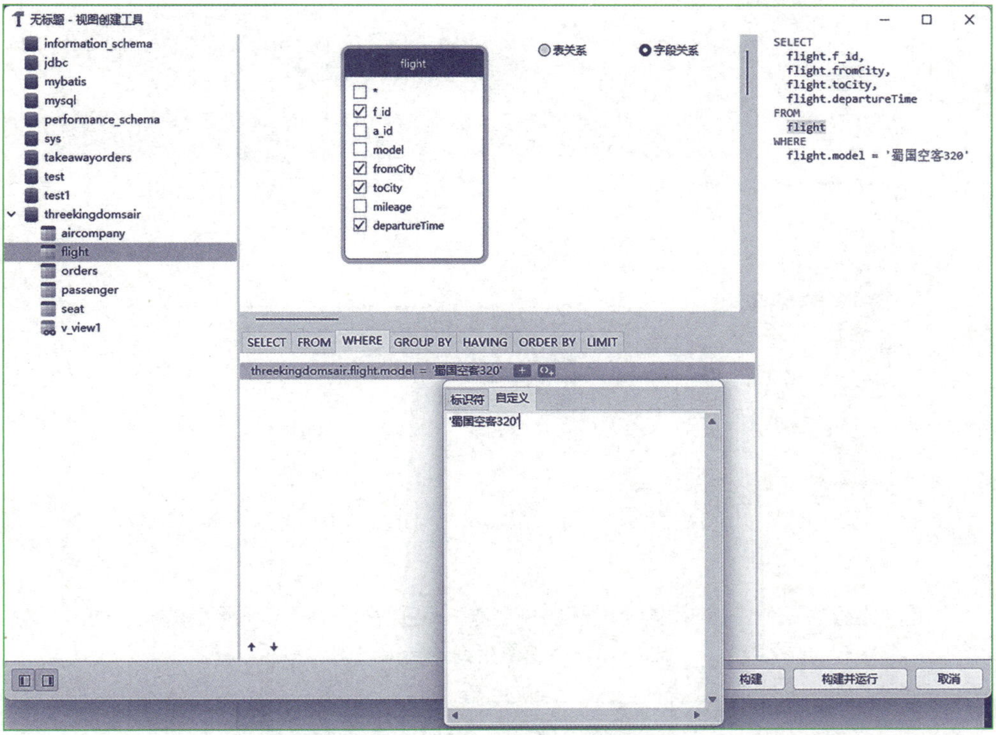

图 5-10　WHERE 条件完成效果

单击“构建”按钮，出现如图 5-11 所示的窗口，单击“预览”按钮可以看到如图 5-12 所示的视图查询的结果数据。单击“保存”按钮，弹出如图 5-13 所示的“另存为”对话框，输入视图的名称，单击“保存”按钮，视图创建就完成了。左侧的树形目录中会出现创建的视图 vv_view1，如图 5-14 所示。

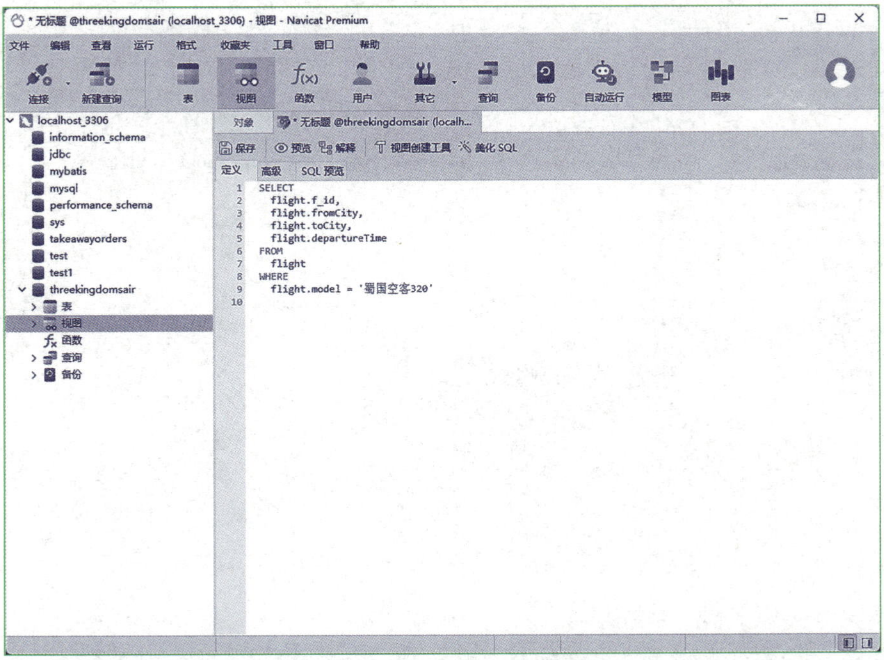

图 5-11　单击“构建”按钮后的效果

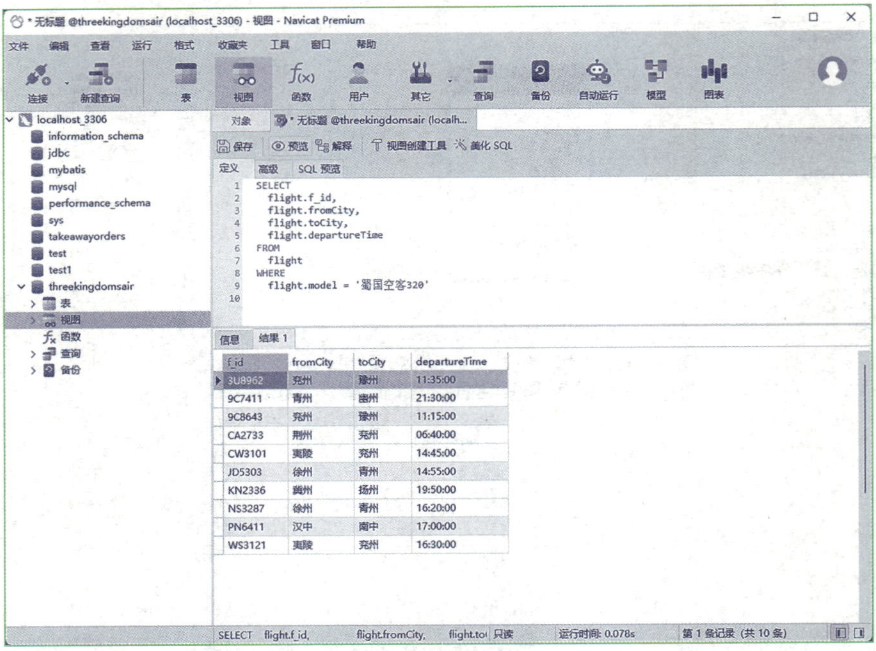

图 5－12　视图查询的结果数据

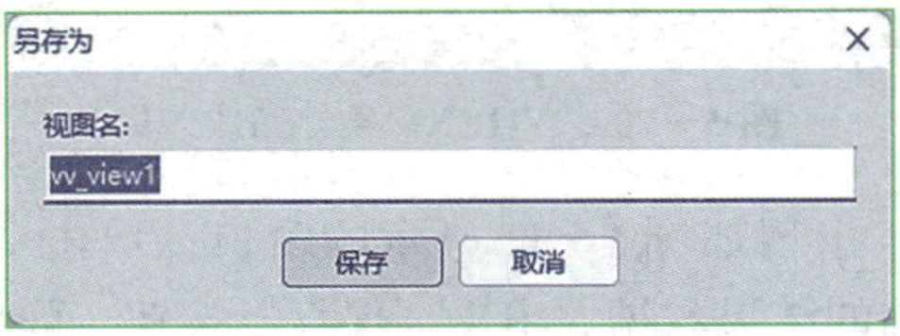

图 5－13　“另存为”对话框

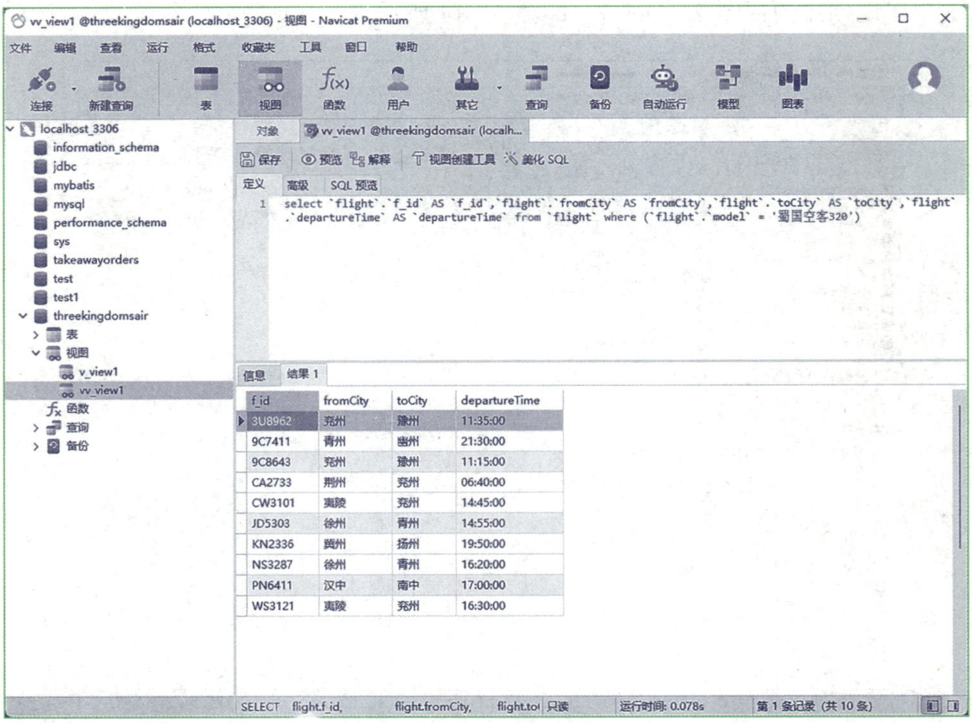

图 5－14　树形目录中出现视图 vv_view1

【例 5－13】 使用图形界面管理工具修改视图 vv_view1，查询飞机型号为“吴国波音 738”的航班 ID、起飞城市、到达城市及到达时间。

在图 5－15 所示的左侧树形目录中找到要修改的视图，也可以在右侧视图窗口查找，如图 5－16 所示。在需要修改的视图上右击，选择“设计视图”快捷菜单命令。

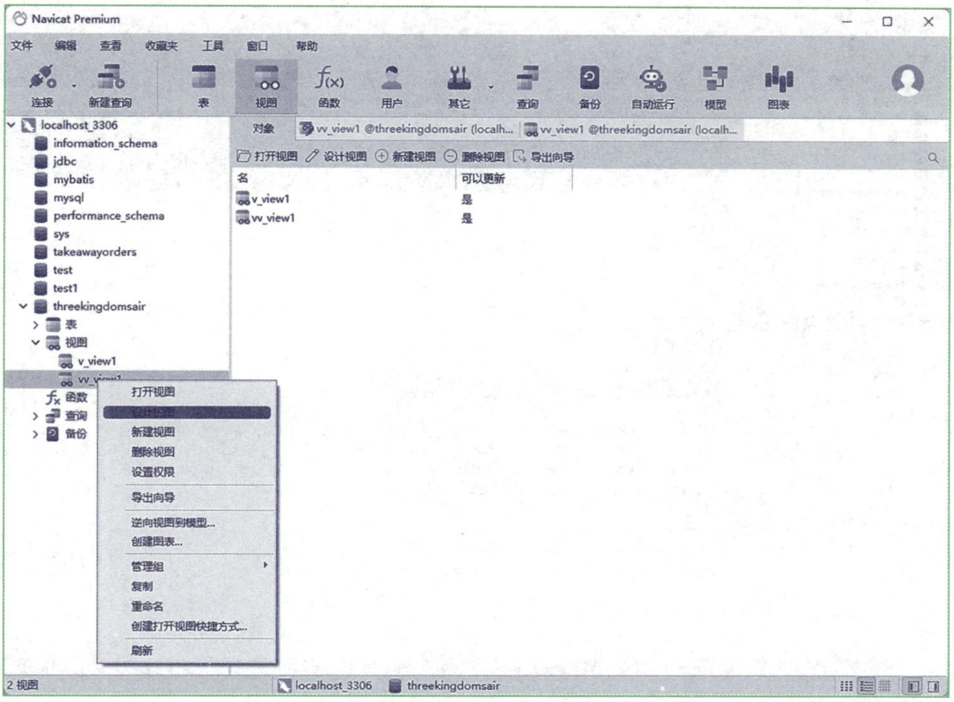

图 5－15 左侧树形目录

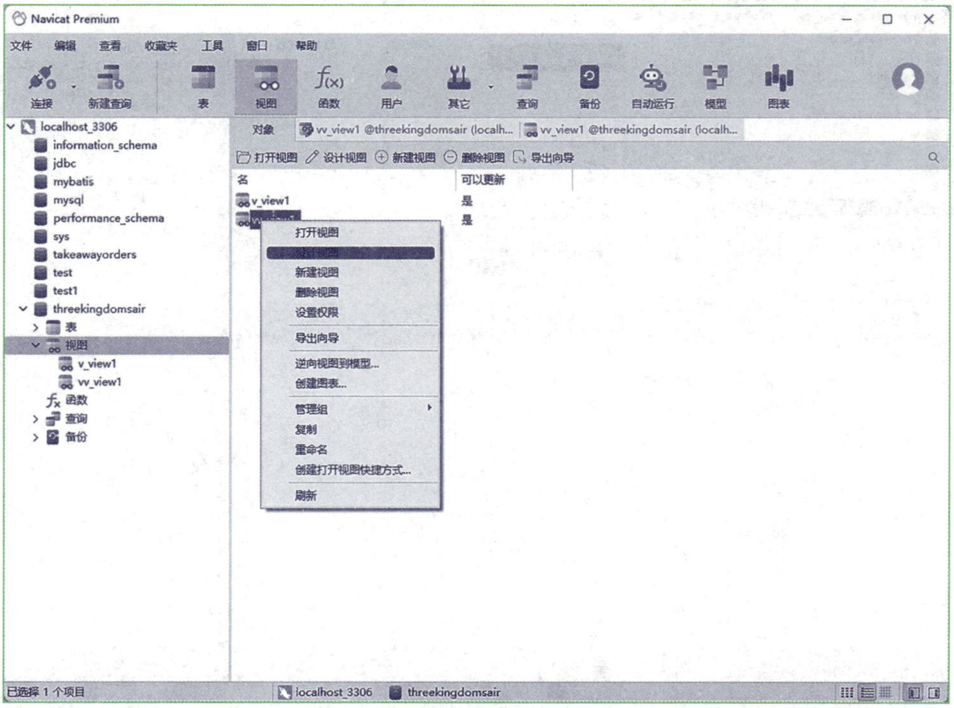

图 5－16 右侧视图窗口

在图 5－17 所示的设计视图窗口单击“视图创建工具”，在图 5－18 所示的“视图创建工具”窗口中选择“WHERE”选项卡，单击“蜀国空客 320”，在弹出的对话框中将其改为“吴国波音 738”，如图 5－19 所示，单击“构建”按钮。

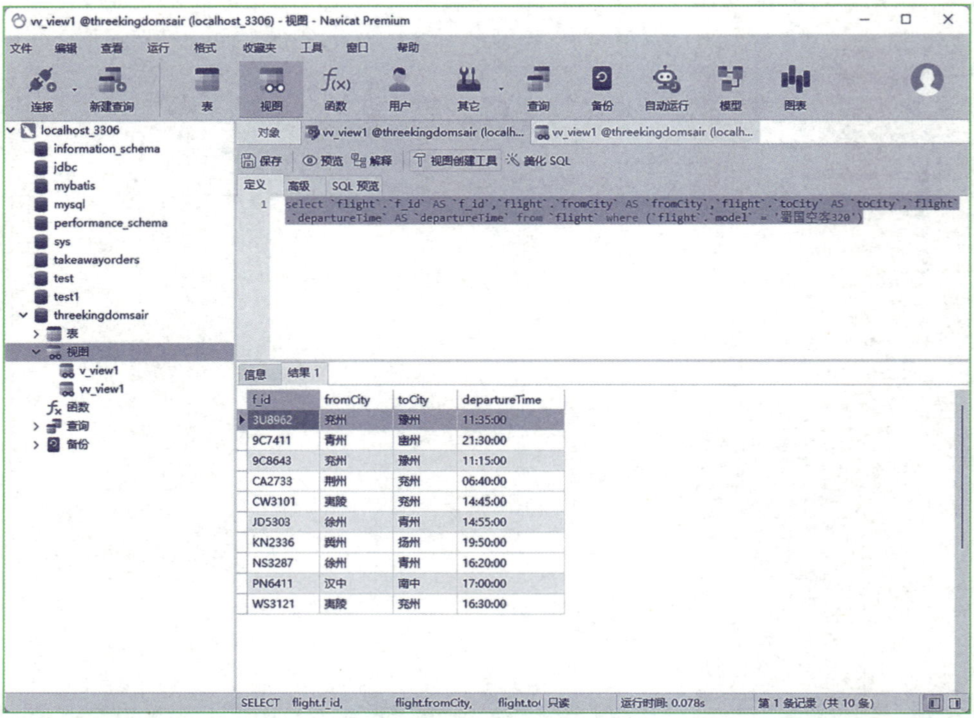

图 5－17　设计视图窗口

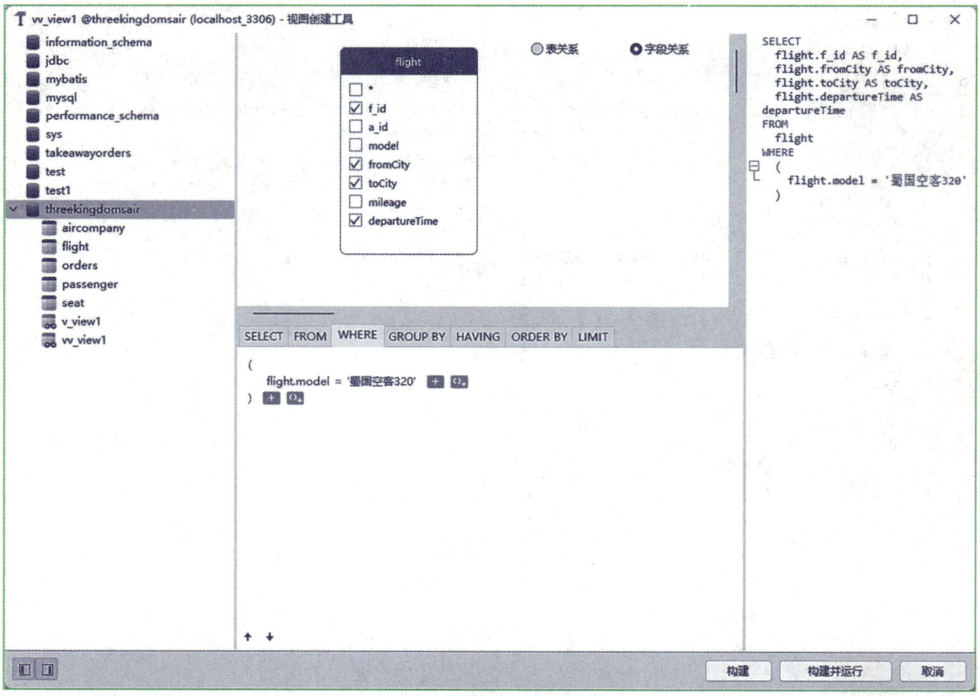

图 5－18　“视图创建工具”窗口

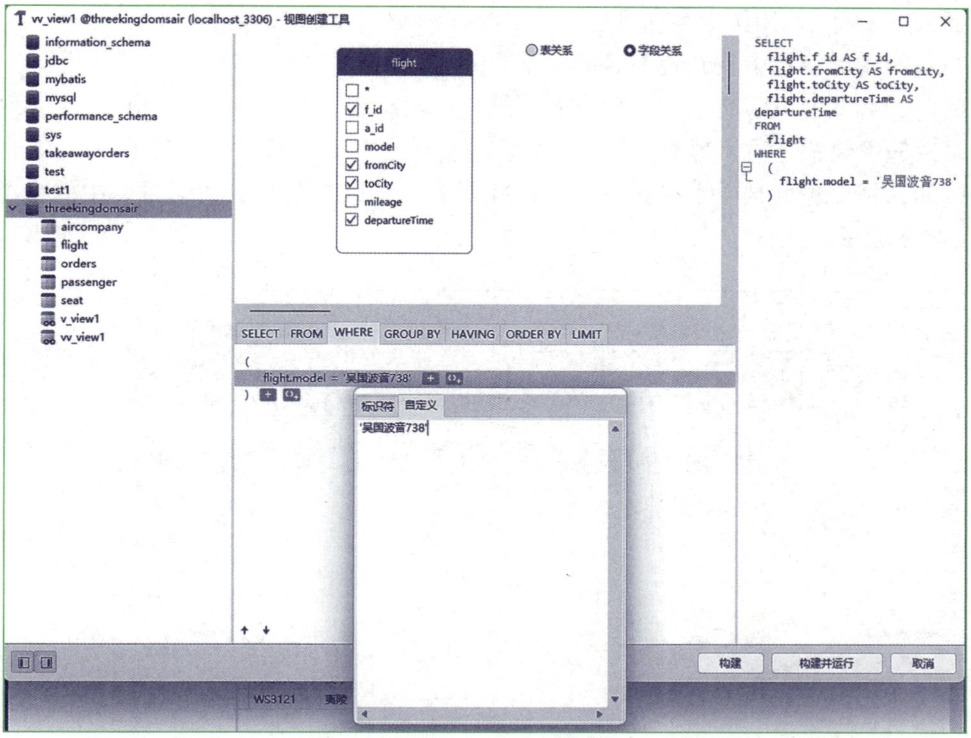

图 5-19 “WHERE”选项卡

在返回的窗口中单击“预览”按钮，可以查看修改后的视图查询的结果数据，单击“保存”按钮，保存对视图的修改，效果如图 5-20 所示。

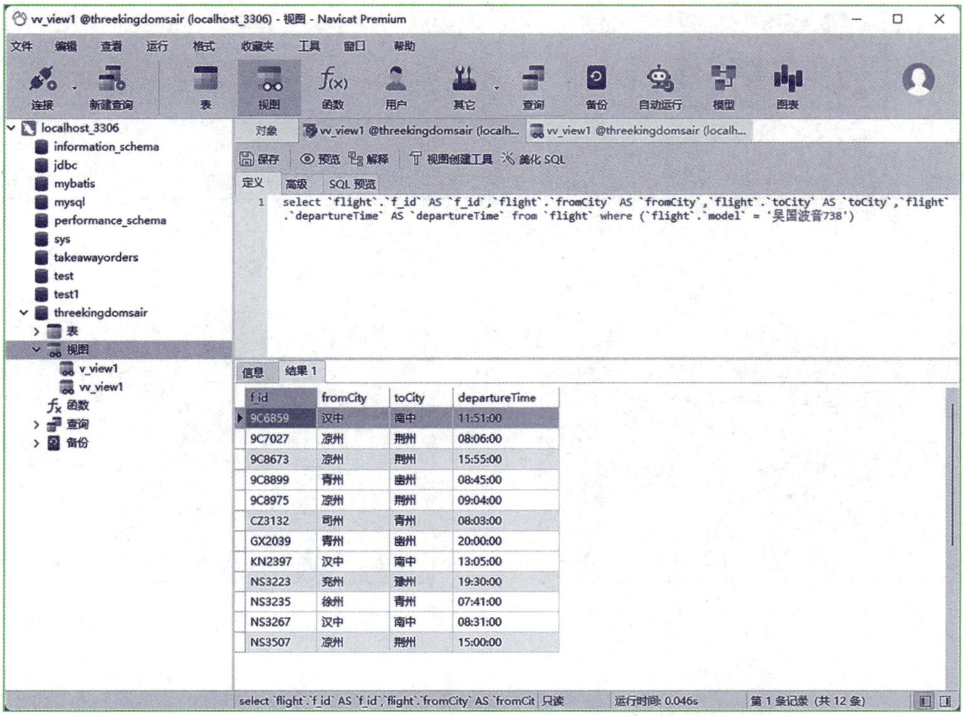

图 5-20 视图修改效果

【例 5-14】 使用图形界面管理工具删除视图 vv_view1。

在左侧树形目录中找到要删除的视图，如 vv_view1，右击并选择“删除视图”快捷菜单命令，如图 5-21 所示。弹出“确认删除”对话框，如图 5-22 所示。在“确认删除”对话框中勾选“我了解此操作是永久性的且无法撤销”，如图 5-23 所示。单击“删除”按钮，视图删除成功，效果如图 5-24 所示，可以看到左侧树形目录中的视图 vv_view1 被删除了。

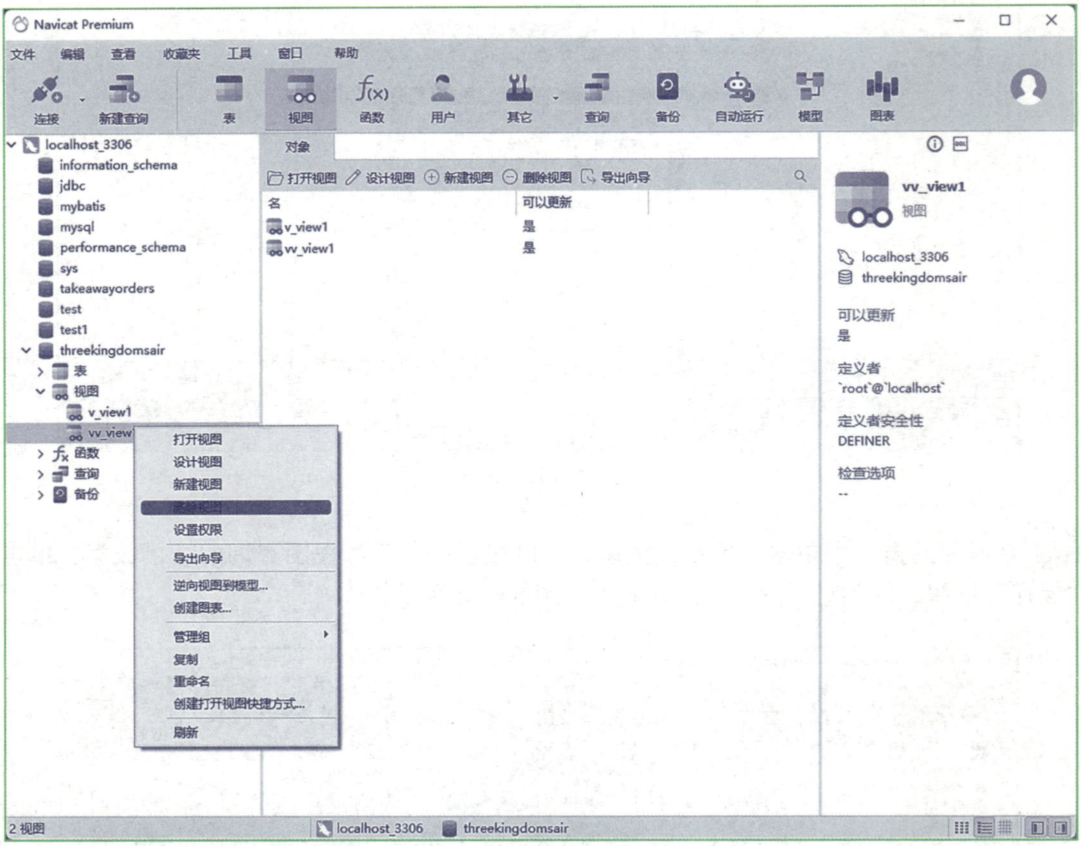

图 5-21 “删除视图”快捷菜单命令

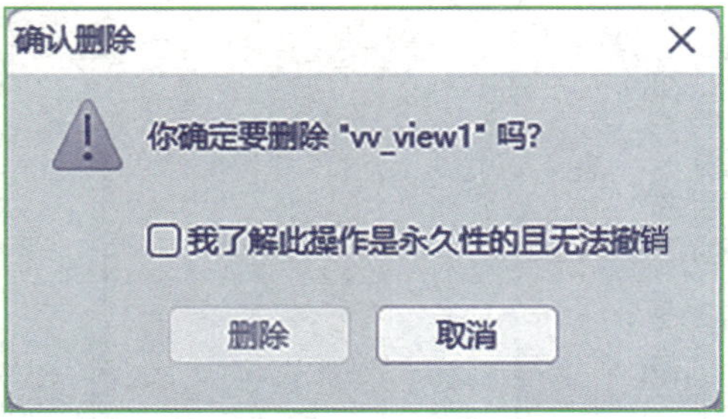

图 5-22 “确认删除”对话框

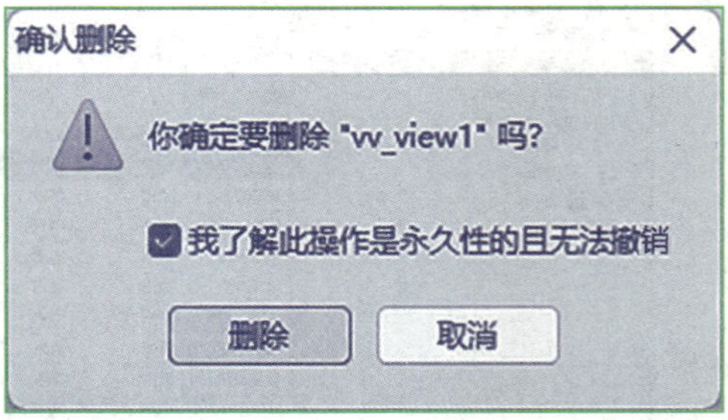

图 5-23 勾选“确认删除”对话框中的复选框

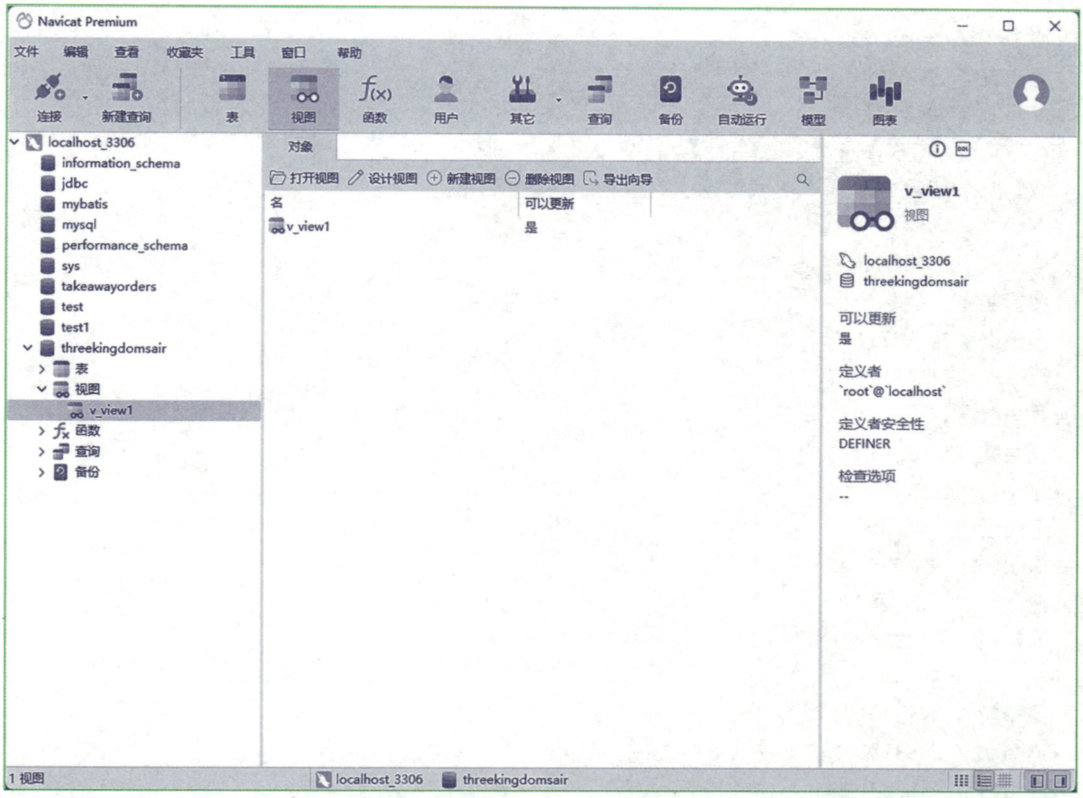

图 5－24　视图 vv_view1 已删除

项目实践

1. 实践目标

（1）掌握视图的功能和作用。

（2）掌握视图的创建和管理方法。

2. 实践内容

使用航空售票系统（threekingdomsair）数据库完成以下视图操作：

（1）创建视图 v_view3，使用等值连接查询每个航空公司及其航班信息。

SQL 语句和执行结果如下：

```
mysql> CREATE VIEW v_view3
    -> AS
    -> SELECT a.c_name AS '航空公司', f.f_id AS '航班'
    -> FROM aircompany a INNER JOIN flight f ON a.a_id = f.a_id;
Query OK, 0 rows affected (0.01 sec)

mysql> SELECT * FROM v_view3;
+------------+----------+
| 航空公司 | 航班     |
+------------+----------+
```

```
| 南中航空 | 3U8962 |
| 兖州航空 | 9C6859 |
| 兖州航空 | 9C7027 |
| 南中航空 | 9C7411 |
| 豫州航空 | 9C8643 |
| 凉州航空 | 9C8673 |
| 青州航空 | 9C8899 |
| 豫州航空 | 9C8975 |
| 夷陵航空 | CA2733 |
| 豫州航空 | CZ3109 |
| 汉中航空 | CZ3132 |
| 兖州航空 | CZ3907 |
| 青州航空 | GX2039 |
| 荆州航空 | JD5303 |
| 豫州航空 | KN2336 |
| 凉州航空 | KN2397 |
| 豫州航空 | NS3223 |
| 汉中航空 | NS3235 |
| 凉州航空 | NS3267 |
| 荆州航空 | NS3287 |
| 幽州航空 | NS3301 |
| 豫州航空 | NS3507 |
| 荆州航空 | PN6411 |
| 豫州航空 | WL3121 |
| 兖州航空 | WS3121 |
+------------+----------+
25 rows in set (0.00 sec)
```

（2）创建视图 v_view4，查询与乘客已订购的机票相关的航空公司、飞机型号和舱位类型。

SQL 语句和执行结果如下：

```
mysql> CREATE VIEW v_view4
    -> AS
    -> SELECT a.c_name AS '航空公司', f.model AS '飞机型号', o.grade AS '舱位类型'
    -> FROM aircompany a INNER JOIN flight f ON a.a_id = f.a_id
    -> INNER JOIN orders o ON o.f_id = f.f_id;
Query OK, 0 rows affected (0.01 sec)

mysql> SELECT * FROM v_view4;
+------------+----------------+----------+
| 航空公司 | 飞机型号       | 舱位类型 |
+------------+----------------+----------+
| 南中航空 | 蜀国空客 380 | 经济舱   |
```

```
| 兖州航空 | 吴国波音 738 | 经济舱   |
| 汉中航空 | 吴国波音 738 | 经济舱   |
| 豫州航空 | 吴国波音 738 | 经济舱   |
| 豫州航空 | 蜀国空客 333 | 商务舱   |
| 青州航空 | 吴国波音 738 | 经济舱   |
| 荆州航空 | 蜀国空客 320 | 商务舱   |
| 荆州航空 | 蜀国空客 320 | 经济舱   |
| 豫州航空 | 蜀国空客 520 | 经济舱   |
| 豫州航空 | 吴国波音 738 | 经济舱   |
| 豫州航空 | 蜀国空客 320 | 经济舱   |
| 凉州航空 | 吴国波音 738 | 经济舱   |
| 汉中航空 | 吴国波音 738 | 经济舱   |
| 豫州航空 | 蜀国空客 333 | 商务舱   |
| 凉州航空 | 吴国波音 738 | 经济舱   |
| 凉州航空 | 吴国波音 738 | 经济舱   |
| 豫州航空 | 吴国波音 738 | 经济舱   |
| 豫州航空 | 吴国波音 738 | 经济舱   |
| 豫州航空 | 吴国波音 738 | 经济舱   |
| 兖州航空 | 吴国波音 738 | 经济舱   |
| 兖州航空 | 吴国波音 738 | 经济舱   |
| 豫州航空 | 吴国波音 738 | 经济舱   |
| 豫州航空 | 吴国波音 738 | 经济舱   |
| 凉州航空 | 吴国波音 738 | 头等舱   |
| 凉州航空 | 吴国波音 738 | 商务舱   |
+-----------+---------------+-----------+
25 rows in set (0.00 sec)
```

（3）修改视图 v_view4，查询与“吴国波音 738”乘客已订购的机票相关的航空公司、飞机型号和舱位类型。

SQL 语句和执行结果如下：

```
mysql> ALTER VIEW v_view4
    -> AS
    -> SELECT a.c_name AS ' 航空公司 ', f.model AS ' 飞机型号 ', o.grade AS ' 舱位类型 '
    -> FROM aircompany a INNER JOIN flight f ON a.a_id = f.a_id
    -> INNER JOIN orders o ON o.f_id = f.f_id
    -> AND f.model=' 吴国波音 738';
Query OK, 0 rows affected (0.01 sec)

mysql> SELECT * FROM v_view4;
+-----------+---------------+-----------+
| 航空公司 | 飞机型号      | 舱位类型 |
+-----------+---------------+-----------+
| 兖州航空 | 吴国波音 738 | 经济舱   |
```

```
| 汉中航空 | 吴国波音 738 | 经济舱   |
| 豫州航空 | 吴国波音 738 | 经济舱   |
| 青州航空 | 吴国波音 738 | 经济舱   |
| 豫州航空 | 吴国波音 738 | 经济舱   |
| 凉州航空 | 吴国波音 738 | 经济舱   |
| 汉中航空 | 吴国波音 738 | 经济舱   |
| 凉州航空 | 吴国波音 738 | 经济舱   |
| 凉州航空 | 吴国波音 738 | 经济舱   |
| 豫州航空 | 吴国波音 738 | 经济舱   |
| 豫州航空 | 吴国波音 738 | 经济舱   |
| 豫州航空 | 吴国波音 738 | 经济舱   |
| 兖州航空 | 吴国波音 738 | 经济舱   |
| 兖州航空 | 吴国波音 738 | 经济舱   |
| 豫州航空 | 吴国波音 738 | 经济舱   |
| 豫州航空 | 吴国波音 738 | 经济舱   |
| 凉州航空 | 吴国波音 738 | 头等舱   |
| 凉州航空 | 吴国波音 738 | 商务舱   |
+------------+-----------------+-----------+
18 rows in set (0.00 sec)
```

（4）修改视图 v_view3，使用等值连接查询航空公司为“兖州航空”的航班。

SQL 语句和执行结果如下：

```
mysql> ALTER VIEW v_view3
    -> AS
    -> SELECT a.c_name AS '航空公司', f.f_id AS '航班'
    -> FROM aircompany a INNER JOIN flight f ON a.a_id = f.a_id
    -> AND a.c_name='兖州航空';
Query OK, 0 rows affected (0.01 sec)

mysql> SELECT * FROM v_view3;
+------------+----------+
| 航空公司 | 航班     |
+------------+----------+
| 兖州航空 | 9C6859 |
| 兖州航空 | 9C7027 |
| 兖州航空 | CZ3907 |
| 兖州航空 | WS3121 |
+------------+----------+
4 rows in set (0.00 sec)
```

（5）在视图 v_view4 中查询“豫州航空”的信息。

SQL 语句和执行结果如下：

```
mysql> SELECT * FROM v_view4 WHERE 航空公司 ='豫州航空';
```

```
+-----------+----------------+-----------+
| 航空公司 | 飞机型号         | 舱位类型 |
+-----------+----------------+-----------+
| 豫州航空 | 吴国波音 738 | 经济舱   |
| 豫州航空 | 吴国波音 738 | 经济舱   |
| 豫州航空 | 吴国波音 738 | 经济舱   |
| 豫州航空 | 吴国波音 738 | 经济舱   |
| 豫州航空 | 吴国波音 738 | 经济舱   |
| 豫州航空 | 吴国波音 738 | 经济舱   |
| 豫州航空 | 吴国波音 738 | 经济舱   |
+-----------+----------------+-----------+
7 rows in set (0.00 sec)
```

（6）删除视图 v_view3。

SQL 语句和执行结果如下：

```
mysql> DROP VIEW v_view3;
Query OK, 0 rows affected
```

（7）删除视图 v_view4。

SQL 语句和执行结果如下：

```
mysql> DROP VIEW v_view4;
Query OK, 0 rows affected
```

项目评价

知识掌握情况评分（30 分）				
序号	知识考核点	教师评价	配分	得分
1	视图的功能和作用		10	
2	视图的创建方法		10	
3	视图的管理方法		10	
任务完成情况评分（70 分）				
序号	操作能力考核点	教师评价	配分	得分
1	创建视图		20	
2	查询视图		14	
3	可更新视图		6	
4	修改视图		15	
5	删除视图		15	

续表

违纪扣分（20分）				
序号	违纪考查点	教师评价	分数	扣分
1	课上吃东西		5	
2	课上打游戏		5	
3	课上打电话		5	
4	其他扰乱课堂秩序的行为		5	

项目小结

- 认识视图，包括视图的概念和使用视图的优势。
- 创建视图，包括创建视图的语法格式和使用视图时的注意事项。
- 管理视图，包括更新视图和删除视图。
- 使用图形界面管理工具操作视图。

项目 6

使用索引和建立数据完整性约束

项目概述

旅客通过航空售票系统购票时，总是希望在输入查询信息后，能够得到系统的快速响应。数据库索引能帮助应用程序迅速找到表中特定的数据，而不必扫描整个数据库表中的数据。当航空售票系统数据库较大时，有效地设计索引可以提高数据检索的效率，提升数据库操作性能。

素养提升

创建好数据库和数据库表之后，需要通过索引和数据完整性约束进一步保证数据的准确性，提高数据检索的速度。也就是说，对不符合规范的数据要进行监测，在有规则管束的前提下才能做到有条不紊。就像我们的社会，只有所有人都遵纪守法，社会才能良好运转。

项目目标

知识目标

（1）了解索引的概念和分类。

（2）了解查看索引的方式。

（3）掌握创建和删除索引的方法。

（4）掌握数据完整性约束的建立方法。

技能目标

（1）学会创建和删除索引。

（2）学会建立数据完整性约束。

素质目标

通过本项目的学习，使学生掌握使用索引和建立数据完整性约束的方法，思考问题要严谨而周密，学会未雨绸缪。

任务 1 认识索引

6.1.1 索引的概念

数据库中的索引与书的目录相似，表中的数据类似于书的内容。目录有助于读者快速地找到书中相关的内容，索引有助于加快数据检索速度。目前，大部分 MySQL 索引都是以 B- 树（BTREE）方式存储的。BTREE 方式构建了包含多个节点的一棵树。顶部的节点构成了索引的开始点，叫作根。每个节点含有索引列的几个值，节点中的每个值又都指向另一个节点或者指向表中的一行。这样，表中的每一行都会在索引中有一个对应值。查询的时候就可以根据索引值直接找到其所在的行。

索引中的节点存储在文件中，因此索引也要占用物理空间，MySQL 将一个表的索引都保存在同一个索引文件中。若更新表中的一个值或者向表中添加或删除一行，MySQL 均会自动更新索引，因此索引树总是和表的内容保持一致。

6.1.2　使用索引的优缺点

1. 优点

提高数据检索效率，降低数据库的 IO 成本。

通过索引列对数据进行排序，可降低数据排序成本，降低 CPU 消耗。

2. 缺点

使用索引虽然大大提高了查询速度，但是也降低了更新表（INSERT、UPDATE 和 DELETE）的速度。因为更新表时，MySQL 不仅要保存数据，还要保存索引文件每次更新时添加的索引列的字段，目的是调整更新所带来的键值变化后的索引信息。

实际上，索引也是一张表，该表保存了主键与索引字段，并指向实体表的记录，所以索引列也是要占用空间的。

6.1.3　MySQL 索引分类

1. 普通索引

普通索引是由 KEY 或 INDEX 定义的索引，它是 MySQL 中的基本索引类型，允许在定义索引的列中插入重复值和空值。该类型索引可以创建在任何数据类型中。

2. 唯一索引

唯一索引是由 UNIQUE 定义的索引，指索引列的值必须唯一，但允许有空值。如果是在多个列上建立的组合索引，则这些列的组合值必须唯一。

创建主键和唯一约束的列会自动创建唯一索引。主键索引是一种特殊的唯一索引，不允许有空值。

3. 全文索引

全文索引是由 FULLTEXT 定义的索引，是指在定义索引的列上支持值的全文查找，该索引类型允许在索引列上插入重复值和空值。全文索引只能创建在 CHAR、VARCHAR 或 TEXT 类型的字段上。旧版的 MySQL 只有 MyISAM 存储引擎支持全文索引；MySQL 5.6 版本后，InnoDB 存储引擎也支持全文索引。

4. 空间索引

空间索引是由 SPATIAL 定义的索引，是只能在空间数据类型的列上建立的索引。MySQL 中的空间数据类型有 4 种：GEOMETRY、POINT、LINESTRING 和 POLYGON。需要注意的是，创建空间索引的字段时必须将其声明为 NOT NULL。旧版的 MySQL 只有 MyISAM 存储引擎支持空间索引；从 MySQL 5.7.4 实验室版开始，InnoDB 存储引擎新增了对空间索引的支持。

需要注意的是，创建空间索引的字段，必须将其声明为 NOT NULL。

5. 单列索引

单列索引指的是在表中单个字段上创建索引，它可以是普通索引、唯一索引或者全文索引，只要保证该索引只对应表中的一个字段即可。

6. 多列索引

多列索引指的是在表中多个字段上创建的索引。只有在查询条件中使用了这些字段中的第 1 个字段时，该索引才会被使用。

任务 2 创建和删除索引

6.2.1 创建索引

1. 使用 CREATE INDEX 语句创建索引

使用 CREATE INDEX 语句可以在一个已有表上创建索引，一个表可以创建多个索引。语法格式如下：

```
CREATE [UNIQUE | FULLTEXT] INDEX 索引名 ON 表名 ( 列名 [ 长度 ] [ASC | DESC]…,)
```

语法说明如下：

- 索引名。索引的名称，索引在一个表中的名称必须是唯一的。
- 列名。索引的列名。
- 长度。表示使用列的前多少个字符创建索引。使用列的一部分创建索引可以减小索引文件的体积，节省磁盘空间。在某些情况下，只能对列的前缀进行索引（如索引列的长度超过了上限则需要利用前缀进行索引）。blob 或 text 列必须用前缀索引。前缀最长为 255 字节，但对于 MyISAM 和 InnoDB 表，前缀最长为 1 000 字节。

6－1 创建索引

- ASC | DESC。规定索引按升序（ASC）还是降序（DESC）排列，默认为 ASC。若一条 SELECT 语句中的某列按照降序排列，那么在该列上定义一个降序索引可以加快处理速度。
- UNIQUE | FULLTEXT。UNIQUE 表示创建唯一索引；FULLTEXT 表示创建全文索引。

从以上语法可以看出，CREATE INDEX 语句并不能创建主键索引。

【例 6－1】 主键索引。

建表时一起创建索引，SQL 语句如下：

```
CREATE TABLE customer (
   id INT(10) UNSIGNED AUTO_INCREMENT ,
   customer_no VARCHAR(200),
   customer_name VARCHAR(200),
   PRIMARY KEY(id)
);
```

【例 6－2】 单值索引。

建表时一起创建索引，SQL 语句如下：

```
CREATE TABLE customer (
    id INT(10) UNSIGNED AUTO_INCREMENT ,
    customer_no VARCHAR(200),
    customer_name VARCHAR(200),
    PRIMARY KEY(id),
    KEY (customer_name)
);
```

【例 6－3】 唯一索引。

建表时一起创建索引，SQL 语句如下：

```
CREATE TABLE customer(
    id INT(10) UNSIGNED  AUTO_INCREMENT ,
    customer_no VARCHAR(200),
    customer_name VARCHAR(200),
    PRIMARY KEY(id),
    KEY (customer_name),
    UNIQUE (customer_no)
);
```

【例 6－4】 复合索引。

建表时一起创建索引，SQL 语句如下：

```
CREATE TABLE customer (
    id INT(10) UNSIGNED AUTO_INCREMENT ,
    customer_no VARCHAR(200),
    customer_name VARCHAR(200),
    PRIMARY KEY(id),
    KEY (customer_name),
    UNIQUE (customer_name),
    KEY (customer_no,customer_name)
);
```

2. 使用 ALTER TABLE 语句创建索引

使用 ALTER TABLE 语句可修改表，也可向表中添加索引。语法格式如下：

```
ALTER TABLE 表名
ADD INDEX [ 索引名 ]( 列名 ,...)                  /* 添加索引 */
I ADD PRIMARY KEY ( 列名 ,...)                    /* 添加主键 */
I ADD UNIQUE  [ 索引名 ] ( 列名 ,...)             /* 添加唯一索引 */
I ADD FULLTEXT [ 索引名 ] ( 列名 ,...)            /* 添加全文索引 */
```

语法说明如下：

- 索引名。指定索引名。若没有指定，当定义索引时会使用默认索引名，如一个主键的索引叫作 PRIMARY，其他索引使用索引的第 1 个列名作为索引名。若存在多个索引的名字以某一个列的名字开头的情况，就在列名后面放置一个顺序号码。

3. 在创建表时创建索引

前面两种情况，索引都是在表创建之后创建的。实际上，索引也可以在创建表时一起创建。在创建表的 CREATE TABLE 语句中可以包含索引的定义。

语法格式如下：

```
CREATE TABLE 表名 ( 列名 , ...|[ 索引项 ])
```

其中，索引项的语法格式如下：

```
PRIMARY KEY ( 列名 ,...)                          /* 主键 */
|{INDEX | KEY}[ 索引名 ]( 列名 ,...)               /* 索引 */
| UNIQUE [INDEX] [ 索引名 ]( 列名 ,...)            /* 唯一索引 */
I [FULLTEXT] [INDEX] [ 索引名 ] ( 列名 ,...)       /* 全文索引 */
```

索引项的语法与 CREATE INDEX 语法类似。

KEY 通常是 INDEX 的同义词。在定义列选项的时候，也可以将某列定义为 PRIMARY KEY，但是当主键是由多个列组成的多列索引时，定义列时无法定义此主键，必须在语句最后加上一个 PRIMARY KEY(col_name,...) 子句。

6－2 删除索引、主键索引

6.2.2 删除索引

1. 使用 ALTER TABLE 语句删除索引

语法格式如下：

```
ALTER [IGNORE] TABLE 表名
I DROP PRIMARY  KEY                               /* 删除主键 */
I DROP INDEX 索引名                               /* 删除索引 */
```

其中，DROP INDEX 子句可以删除各种类型的索引。使用 DROP PRIMARY KEY 子句时不需要提供索引名称，因为一个表中只有一个主键。

【例 6－5】 删除主键索引。

SQL 语句如下：

```
ALTER TABLE customer drop PRIMARY KEY ;
```

2. 使用 DROP INDEX 语句删除索引

语法格式如下：

```
DROP INDEX 索引名 ON 表名
```

该语句的语法非常简单，索引名为要删除的索引名，表名为索引所在的表。

【例 6-6】 删除单值索引。

SQL 语句如下：

```
DROP INDEX idx_customer_name on customer ;
```

【例 6-7】 删除唯一索引。

SQL 语句如下：

```
DROP INDEX idx_customer_no on customer ;
```

【例 6-8】 删除复合索引。

SQL 语句如下：

```
DROP INDEX idx_no_name ON customer ;
```

若从表中删除了列，则索引可能会受到影响。若删除的列为索引的组成部分，则该列也会被从索引中删除。若组成索引的所有列都被删除，则整个索引将被删除。

6.2.3 索引对查询的影响

当一个表中最多只有几十行数据时，是否建立索引，查询速度没有明显变化；但是当表中有成千上万行数据时，差异就非常明显了。例如，某商品表中有 1 000 条记录，商品编号为 1 ～ 1 000，若没有索引，找编号为 1 000 的商品时要从第 1 行开始匹配，需要服务器进行 1 000 次比较运算。在该列创建索引后，则可以先在索引值中找到编号为 1 000 的记录的位置，然后找到 1 000 所指向的记录，比全表扫描至少快了 100 倍。

当执行涉及多个表的连接查询时，索引的价值体现更明显。例如，有 3 个未创建索引的表 t1、t2 和 t3，每个表都由 1 000 行组成。若要将 3 个表进行等值连接，该查询的结果应该为 1 000 行。在无索引的情况下处理该查询，则需要逐行寻找所有组合，可能的组合数目为 1 000 × 1 000 × 1 000（10 亿），比匹配数目多 100 万倍。若对每个表进行索引，就能极大地加快查询进程，理论上，这时的查询比未用索引时要快 100 万倍。这还是每个表中只有 1 000 行数据的情况，如果每个表中有 100 万行数据，将会怎样？可见，MySQL 利用索引加快了多表检索的速度。

当然，索引在提升查询速度的同时，也存在弊端。首先，索引是以文件的形式存储的，索引文件要占用磁盘空间。如果有大量索引，索引文件可能会比数据文件更快地达到最大的文件尺寸。

其次，在更新表中索引列上的数据时，也需要对索引进行更新，这可能需要重新组织一个索引，若表中的索引很多，会浪费很多时间。也就是说，索引将降低添加、删除、修改的效率。表中的索引越多，更新表的时间就越长。

但这并不妨碍索引的应用，因为索引的优点远大于其缺陷。

任务 3 建立数据完整性约束

数据完整性指的是数据的一致性和正确性。完整性约束是指数据库的内容必须随时遵守的规则。若定义了数据完整性约束，MySQL 会负责数据的完整性，每次更新数据时，MySQL 都会测试新的数据内容是否符合相关的完整性约束条件，只有符合完整性约束条件的更新才会被接受。

6.3.1 主键约束

主键就是表中的一列或多个列的组合，其值能唯一地标识表中的每一行。MySQL 为主键列创建唯一索引，实现数据的唯一性。在查询中使用主键时，该索引可用来对数据进行快速访问。通过定义 PRIMARY KEY 约束来创建主键，而且 PRIMARY KEY 约束中的列不能取空值。如果 PRIMARY KEY 约束是由多列组合定义的，则某一列的值可以重复，但 PRIMARY KEY 约束定义中所有列的组合值必须是唯一的。

可以使用两种方式定义主键，并以此作为列或表的完整性约束。作为列的完整性约束时，只需在列定义的时候加上关键字 PRIMARY KEY；作为表的完整性约束时，需要在语句最后加上一条 PRIMARY KEY(col_name,...) 语句。

【例 6－9】 列级约束。

SQL 语句如下：

```
CREATE TABLE emp4(
  id INT PRIMARY KEY AUTO_INCREMENT ,
  NAME VARCHAR(20)
);
```

【例 6－10】 表级约束。

SQL 语句如下：

```
CREATE TABLE emp5(
  id INT NOT NULL AUTO_INCREMENT,
  NAME VARCHAR(20),
  pwd VARCHAR(15),
  CONSTRAINT emp5_id_pk PRIMARY KEY(id)
);
```

上例中的主键定义于 NOT NULL 指定之后，当然，也可以在主键之后指定 NOT NULL。如果作为主键的一部分的一个列没有被定义为 NOT NULL，MySQL 就会自动将该列定义为 NOT NULL。

原则上，任何列或者列的组合都可以充当一个主键。但是主键列必须遵守一些规则，这些规则源自关系模型理论和 MySQL 制定的规则：

（1）每个表只能定义一个主键。关系模型理论要求必须为每个表定义一个主键。然而，MySQL 并不要求这样，也就是说可以创建一个没有主键的表。但是，从安全角度考虑，应该为每个基础表指定一个主键。主要原因在于，若没有主键，一个表中可能会存储两个相同的行。当两个行不能彼此区分时，在查询过程中，它们将会满足同样的条件；更新的时候也总是一起更新，容易导致数据库崩溃。

（2）表中两个不同的行在主键上不能具有相同的值。这就是唯一性规则。

（3）如果从一个复合主键中删除一列后，剩下的列构成的主键仍然满足唯一性规则，那么，该复合主键是不正确的，这条规则称为最小化规则。也就是说，复合主键不应该包含不必要的列。

（4）一个列名在一个主键的列表中只能出现一次。MySQL 自动地为主键创建一个索引，索引名通常为 PRIMARY，也可以重命名。

6.3.2 替代键约束

替代键和主键一样，是表的一列或一组列，它们的值在任何时候都是唯一的。替代键是没有被选作主键的候选键。定义替代键的关键字是 UNIQUE。

【例 6－11】 列级约束。

SQL 语句如下：

```
create table student(
    sid int,
    sname varchar(20),
    tel char(11) unique,
    cardid char(18) unique key
);
```

【例 6－12】 表级约束。

SQL 语句如下：

```
CREATE TABLE USER(
    id INT NOT NULL,
    NAME VARCHAR(25),
    PASSWORD VARCHAR(16),
    -- 使用表级约束语法
    CONSTRAINT uk_name_pwd UNIQUE(NAME,PASSWORD)
);
```

在 MySQL 中，替代键和主键的区别主要有以下几点：

（1）一个数据表只能创建一个主键。但一个表可以有若干个 UNIQUE 键，它们甚至可以重合。例如，在 C1 和 C2 列上定义了一个替代键，在 C2 和 C3 列上定义了另一个替代键，这两个替代键在 C2 列上重合了，这是 MySQL 允许的。

（2）主键字段的值不允许为 NULL，而 UNIQUE 字段的值可取 NULL，但必须使用 NULL 或 NOT NULL 声明。

（3）创建 PRIMARY KEY 约束时，系统自动产生 PRIMARY KEY 索引。创建 UNIQUE 约束时，系统自动产生 UNIQUE 索引。

6.3.3 参照完整性约束

在本教材列举的数据库中，有很多规则是和表之间的关系有关的。参照完整性是指通过定义一张表中外键与另一张表中主键之间的引用规则来约束这两张表之间的联系。参照完整性约束是一种特殊的完整性约束，实现为一个外键。

1. 定义外键

定义外键的语法格式如下：

```
REFERENCES 表名 [( 列名 [( 长度 )] [ASC | DESC]…,)]
[ON DELETE {RESTRICT | CASCADE | SET NULL | NO ACTION}]
[ON UPDATE {RESTRICT | CASCADE | SET NULL | NO ACTION}]
```

外键被定义为表的完整性约束，语法中包含了外键所参照的表和列，还可以声明参照动作。语法说明如下：

- 表名。外键所参照的表名，该表叫作被参照表或父表。而外键所在的表叫作参照表或子表。
- 列名。被参照的列名。外键可以引用一个或多个列，外键中的所有列值在引用的列中必须全部存在。外键可以只引用主键和替代键。外键不能引用被参照表中随机的一组列，它必须是被参照表中列的一个组合，且其中的值应是唯一的。
- ON DELETE | ON UPDATE。可以为每个外键定义参照动作。参照动作包含两部分：第 1 部分指定该参照动作应用哪一条语句，有两条相关的语句，即 UPDATE 和 DELETE 语句；第 2 部分指定采取哪个动作，可能采取的动作有 RESTRICT、CASCADE、SET NULL、NO ACTION 和 SET DEFAULT。
- RESTRICT。当要删除或更新父表中被参照列上在外键中出现的值时，拒绝对父表的删除或更新操作。
- CASCADE。从父表删除或更新行时，自动删除或更新子表中匹配的行。
- SET NULL。从父表删除或更新行时，设置子表中与之对应的外键列为 NULL。如果外键列没有指定 NOT NULL 限定词，就是合法的。
- NO ACTION。NO ACTION 意味着不采取动作。如果有一个相关的外键值在被参照表里，删除或更新父表中主要键值的企图不被允许。功能和 RESTRICT 一样。
- SET DEFAULT 的作用和 SET NULL 一样，只不过 SET DEFAULT 是指定子表中的外键列为默认值。如果没有指定动作，两个参照动作就会默认使用 RESTRICT。

MySQL 参照完整性约束目前只可以应用于使用 InnoDB 存储引擎创建的表中，对于其他类型的表，MySQL 服务器能够解析 CREATE TABLE 语句中的 FOREIGN KEY 语法，但不能使用或保存它。

要修改表的存储引擎，可以采用 ALTER TABLE 语句。如修改 Book 表的存储引擎为 InnoDB，可使用语句 ALTER TABLE book ENGINE=INNODB;。

【例 6－13】 外键约束。

SQL 语句如下：

```
create table dept(                          # 主表
    did int primary key,                    # 部门编号
    dname varchar(50)                       # 部门名称
);
create table emp(                           # 从表
    eid int primary key,                    # 员工编号
```

```
    ename varchar(5),                    # 员工姓名
    deptid int,                          # 员工所在的部门
    foreign key (deptid) references dept(did) # 在从表中指定外键约束
    #emp 表的 deptid 和 dept 表的 did 的数据类型一致，都表示部门的编号
);
```

当指定一个外键时，适用以下规则：

（1）被参照表必须已经用 1 条 CREATE TABLE 语句创建完成，或者必须是当前正在创建的表。在后一种情况下，参照表是同一个表。

（2）必须为被参照表定义主键。

（3）必须在被参照表的表名后面指定列名（或列名的组合）。该列（或列组合）必须是这个表的主键或替代键。

（4）尽管主键不能够包含空值，但允许在外键中出现一个空值。这意味着，只要外键的每个非空值出现在指定的主键中，该外键的内容就是正确的。

（5）外键中列的数目必须和被参照表的主键中的列的数目相同。

（6）外键中列的数据类型必须和被参照表的主键中的列的数据类型相同。

【例 6－14】 建表后创建外键约束。

SQL 语句如下：

```
ALTER TABLE emp1 ADD [CONSTRAINT emp_dept_id_fk] FOREIGN KEY(dept_id) REFERENCES
dept(dept_id);
```

【例 6－15】 删除外键约束。

SQL 语句如下：

```
mysql> SELECT * FROM information_schema.table_constraints WHERE table_name = 'emp';
mysql> alter table emp drop foreign key emp_ibfk_1;
Query OK, 0 rows affected (0.02 sec)
Records: 0 Duplicates: 0 Warnings: 0
```

2. CHECK 完整性约束

主键、替代键和外键都是常见的完整性约束的应用。但是，每个数据库还有一些专用的完整性约束。例如，Sell 表中的订购册数范围要是 1 ～ 5000，Book 表中的出版时间必须晚于或等于 1996 年 1 月 1 日，这样的规则可以使用 CHECK 完整性约束来指定。

CHECK 完整性约束在创建表的时候定义。可以定义为列完整性约束，也可以定义为表完整性约束。

语法格式如下：

CHECK(表达式)

语法说明如下：

- 表达式。指定需要检查的条件，在更新表数据时，MySQL 会检查更新后的数据行是否满足 CHECK 条件。

如果指定的完整性约束中，要相互比较 1 个表的 2 个或多个列，那么该列的完整性约束必须定义为表完整性约束。也可以同时定义多个 CHECK 完整性约束，中间用逗号隔开。

项目实践

1. 实践目标

（1）掌握 MySQL 数据库中索引的基本操作。

（2）学会运用 SQL 语句创建主键约束、替代键约束和外键约束。

2. 实践内容

使用航空售票系统数据库 threekingdomsair，创建以下索引和数据完整性约束。

（1）创建主键索引。

SQL 语句如下：

```
CREATE TABLE `aircompany` (
 `a_id` INT(11) NOT NULL AUTO_INCREMENT COMMENT '航空公司 id',
 `c_name` VARCHAR(50) DEFAULT NULL COMMENT '航空公司',
 `address` VARCHAR(50) DEFAULT NULL COMMENT '航空公司地址',
 `hotLine` VARCHAR(100) DEFAULT NULL COMMENT '航空公司热线',
 PRIMARY KEY (`a_id`) USING BTREE
) ENGINE=INNODB AUTO_INCREMENT=10 DEFAULT CHARSET=utf8 ROW_FORMAT=DYNAMIC;
```

（2）创建单值索引。

SQL 语句如下：

```
CREATE TABLE `flight` (
 `f_id` VARCHAR(50) NOT NULL COMMENT '航班 id',
 `a_id` INT(11) DEFAULT NULL COMMENT '航空公司 id',
 `model` VARCHAR(50) DEFAULT NULL COMMENT '飞机型号',
 `fromCity` VARCHAR(50) DEFAULT NULL COMMENT '起飞地点',
 `toCity` VARCHAR(50) DEFAULT NULL COMMENT '到达地点',
 `mileage` INT(11) DEFAULT NULL COMMENT '公里数',
 `departureTime` TIME DEFAULT NULL COMMENT '起飞时间',
 PRIMARY KEY (`f_id`) USING BTREE,
 KEY `FK_Fight_AirLine` (`a_id`) USING BTREE,
 CONSTRAINT `FK_Fight_AirLine` FOREIGN KEY (`a_id`) REFERENCES `aircompany` (`a_id`)
) ENGINE=INNODB DEFAULT CHARSET=utf8 ROW_FORMAT=DYNAMIC;
```

（3）创建唯一索引。

SQL 语句如下：

```
CREATE TABLE `passenger` (
 `p_id` VARCHAR(50) NOT NULL COMMENT '乘客 id',
```

```
 `name` VARCHAR(50) NOT NULL COMMENT '姓名',
 `gender` VARCHAR(4) DEFAULT NULL COMMENT '性别',
 `age` INT(3) NOT NULL COMMENT '年龄',
 `birthday` DATE DEFAULT NULL COMMENT '生日',
 `tel` VARCHAR(20) DEFAULT NULL COMMENT '电话',
 PRIMARY KEY (`p_id`) USING BTREE,
 UNIQUE (tel)
) ENGINE=INNODB DEFAULT CHARSET=utf8 ROW_FORMAT=DYNAMIC;
```

（4）创建复合索引。

SQL语句如下：

```
CREATE TABLE `passenger` (
 `p_id` VARCHAR(50) NOT NULL COMMENT '乘客 id',
 `name` VARCHAR(50) NOT NULL COMMENT '姓名',
 `gender` VARCHAR(4) DEFAULT NULL COMMENT '性别',
 `age` INT(3) NOT NULL COMMENT '年龄',
 `birthday` DATE DEFAULT NULL COMMENT '生日',
 `tel` VARCHAR(20) DEFAULT NULL COMMENT '电话',
 PRIMARY KEY (`p_id`) USING BTREE,
 UNIQUE (tel),
 KEY(p_id,`name`)
) ENGINE=INNODB DEFAULT CHARSET=utf8 ROW_FORMAT=DYNAMIC;
```

（5）删除主键索引。

SQL语句如下：

```
ALTER TABLE aircompany drop PRIMARY KEY ;
```

（6）删除单值索引。

SQL语句如下：

```
DROP INDEX FK_Fight_AirLine on flight;
```

（7）删除唯一索引。

SQL语句如下：

```
DROP INDEX tel on passenger;
```

（8）删除复合索引。

SQL语句如下：

```
DROP INDEX p_id ON passenger;
```

（9）创建主键约束。

SQL 语句如下：

```
CREATE TABLE `aircompany` (
  `a_id` INT(11) NOT NULL AUTO_INCREMENT COMMENT '航空公司 id',
  `c_name` VARCHAR(50) DEFAULT NULL COMMENT '航空公司',
  `address` VARCHAR(50) DEFAULT NULL COMMENT '航空公司地址',
  `hotLine` VARCHAR(100) DEFAULT NULL COMMENT '航空公司热线',
  PRIMARY KEY (`a_id`) USING BTREE
) ENGINE=INNODB AUTO_INCREMENT=10 DEFAULT CHARSET=utf8 ROW_FORMAT=DYNAMIC;
```

（10）创建替代键约束。

SQL 语句如下：

```
CREATE TABLE `passenger` (
  `p_id` VARCHAR(50) NOT NULL COMMENT '乘客 id',
  `name` VARCHAR(50) NOT NULL COMMENT '姓名',
  `gender` VARCHAR(4) DEFAULT NULL COMMENT '性别',
  `age` INT(3) NOT NULL COMMENT '年龄',
  `birthday` DATE DEFAULT NULL COMMENT '生日',
  `tel` VARCHAR(20) DEFAULT NULL COMMENT '电话',
  PRIMARY KEY (`p_id`) USING BTREE,
  UNIQUE (tel)
) ENGINE=INNODB DEFAULT CHARSET=utf8 ROW_FORMAT=DYNAMIC;
```

项目评价

知识掌握情况评分（30 分）				
序号	知识考核点	教师评价	配分	得分
1	索引的功能和作用		10	
2	数据完整性约束的功能和作用		5	
3	创建和管理索引的方法		10	
4	创建和管理数据完整性约束的方法		5	
任务完成情况评分（70 分）				
序号	操作能力考核点	教师评价	配分	得分
1	创建索引		30	
2	显示表的索引情况		5	
3	数据完整性约束的创建和管理		35	

续表

违纪扣分（20分）				
序号	违纪考查点	教师评价	分数	扣分
1	课上吃东西		5	
2	课上打游戏		5	
3	课上打电话		5	
4	其他扰乱课堂秩序的行为		5	

项目小结

- 使用索引可以加快数据的检索速度。
- MySQL 中的索引分类：普通索引、唯一索引、全文索引、空间索引、单列索引、多列索引。
- 索引的基本操作：创建索引、删除索引。
- 数据完整性约束主要包括：主键约束、替代键约束、参照完整性约束。

项目 7

数据库编程

项目概述

前面介绍的SQL命令应用的是联机交互模式，命令执行的方式是每次一条。为了提高效率，有时需要把多条命令组合在一起形成一个程序来一次性执行。这样不仅可以减少数据库开发人员的工作量，还可以通过设定程序的权限来限制用户对程序的定义和使用，从而提高系统安全性。此外，单独数据库管理意义有限，与更多技术（如ODBC编程）联合起来，则可以实现数据共享，达到更好的效果。本项目将探讨如何对航空售票系统数据库进行编程，从而提高数据库效率。

素养提升

2013年金秋时节，习近平总书记提出共建“一带一路”倡议。十年来，高质量共建“一带一路”取得实打实、沉甸甸的成就，国际影响力、合作吸引力不断释放，发展前景越来越好，“一带一路”成为各方共商共建共享的和平之路、繁荣之路、开放之路、绿色之路、创新之路、文明之路。我们要积极响应国家政策，拥护党的纲领，为社会主义建设奉献自己的力量。

项目目标

知识目标

（1）掌握数据库编程的基础知识。
（2）了解存储过程的基本概念。
（3）掌握存储过程的基本操作。
（4）了解触发器的基本概念。
（5）掌握触发器的基本操作方法。
（6）了解存储函数的基本概念。
（7）掌握存储函数的基本操作方法。
（8）了解事务的隔离级别。
（9）掌握事务处理的过程。

技能目标

（1）学会存储过程的创建、调用和删除方法。

（2）学会触发器的创建和删除方法。

（3）学会存储函数的创建、查看和删除方法。

素质目标

通过本项目的学习，使学生掌握存储过程、存储函数、触发器的相关知识，在深入理解数据库事务机制与操作的基础上，注重细节和规范，爱岗敬业，培养精益求精的工匠精神。

任务 1 编程基础

MySQL 数据库在进行数据存储、查询及更新时使用的语言是遵守 SQL 标准的。但为了用户编程方便，MySQL 增加了一些特别的语言元素，包括常量、变量、运算符、函数和流程控制语句等。这些语言元素不是 SQL 标准包含的内容。

7.1.1 常量

1. 字符串常量

字符串是指用单引号或双引号括起来的字符序列。如 'hello' 和 ' 你好 ' 等。每个汉字字符用 2 字节存储，每个 ASCII 字符用 1 字节存储。

在字符串中不仅可以使用普通的字符，也可以使用特殊字符，如换行符、单引号（'）、反斜线（\）等。注意，如果要使用特殊字符，需要用到转义符。每个特殊字符以一个反斜线开始，指出后面的字符使用转义字符来解释，而不是普通字符。

2. 数值常量

数值常量可以分为整数常量和浮点数常量。

整数常量即不带小数点的十进制数，如 1894,2,+145345234,–2147483648。

浮点数常量是使用小数点的数值常量，如 5.26,–1.39,101.5E5,0.5E-2。

3. 日期时间常量

日期时间常量通过单引号将表示日期时间的字符串括起来构成。日期型常量包括年、月、日，数据类型为 date，表示如 1999-06-17 这样的值。时间型常量包括小时数、分钟数、秒数及微秒数，数据类型为 time，表示如 12:30:43.00013 这样的值。MySQL 还支持日期 / 时间的组合，数据类型为 datetime 或 timestamp，如 1999-06-1712:30:43。datetime 和 timestamp 的区别在于：datetime 的年份范围为 1000 ～ 9999，而 timestamp 的年份范围为 1970 ～ 2037；timestamp 在插入带微秒的日期时间时将微秒忽略。此外，timestamp 还支持时区，即在不同时区转换为相应时间。

需要特别注意的是，MySQL 是按年 - 月 - 日的顺序表示日期。间隔符“ -”也可以使用“\”、“@”或“%”等特殊符号。

4. 布尔值

布尔值只包含两个可能的值：TRUE 和 FALSE。FALSE 的数字值为 0，TRUE 的数字值为 1。

7.1.2 变量

变量用于临时存放数据，变量中的数据随着程序的运行而变化。变量有名字及其数据类型两个属性，变量名用于标识该变量，变量的数据类型确定了该变量存放值的格式及允许的运算。在 MySQL 中，根据变量的定义方式可将其分为用户变量和系统变量。

1. 用户变量

用户可以在表达式中使用自己定义的变量，这样的变量叫作用户变量。用户可以在用户变量中保存值，并在以后引用，这样可以将值从一个语句传递到另一个语句。使用用户变量前必须进行定义和初始化。如果使用了没有初始化的变量，则其值为 NULL。

用户变量与连接有关。也就是说，一个客户端定义的变量不能被其他客户端看到或使用。当客户端退出时，该客户端连接的所有变量将自动释放。

可以使用 SET 语句定义和初始化一个变量。

语法格式如下：

```
SET @用户变量 1 = 表达式 1 [, 用户变量 2= 表达式 2 , …]
```

语法说明如下：

- 用户变量 1、用户变量 2 为用户变量名，变量名可以由当前字符集的文字、数字、字符、"."、"_" 和 "$" 组成。当变量名中需要包含一些特殊符号（如空格、#）时，可以使用双引号或单引号将整个变量括起来。
- 表达式 1、表达式 2 为要给变量赋的值，可以是常量、变量或表达式。
- @ 符号必须放在用户变量的前面，以便将其和列名区分开。

2. 系统变量

系统变量是 MySQL 的一些特定设置。MySQL 数据库服务器启动时，这些设置被读取出来以决定下一步骤。例如，有些设置定义了数据如何被存储，有些设置则影响处理速度，还有些与日期有关，这些设置就是系统变量。和用户变量一样，系统变量也有一个值和一个数据类型，不同的是，系统变量在 MySQL 服务器启动时就被引入并初始化为默认值。

大多数系统变量应用于其他 SQL 语句中时，必须在名称前加 2 个@符号。不过，有时为了与其他 SQL 产品保持一致，某些特定的系统变量要求省略这 2 个@符号。如 CURRENT_DATE（系统日期）、CURRENT_TIME（系统时间）、CURRENT_TIMESTAMP（系统日期和时间）和 CURRENT_USER（SQL 用户的名字）。

7.1.3 运算符与表达式

1. 算术运算符

算术运算符在两个表达式上执行数学运算，这两个表达式可以是任何数值数据类型。算术运算符有 +（加）、–（减）、*（乘）、/（除）和 %（求模）5 种运算。

+（加）和 –（减）运算符还可用于对日期时间值（如 DATETIME）进行算术运算。例如：

```
SELECT '2018-01-20'+INTERVAL 22 DAY;
```

其中，INTERVAL 关键字后面跟一个时间间隔，22 DAY 表示在当前的日期基础上加 22 天。当前日期为 2018-01-20，加 22 天后为 2018-02-11。

%（求模）运算符用于获得一个或多个除法运算的余数。例如：

```
SELECT 12%5,-32%7,3%0;
```

2. 比较运算符

比较运算符（又称关系运算符）用于比较两个表达式的值，其运算结果为逻辑值，可以为 1（真）、0（假）或 NULL（不能确定）。表 7－1 列出了在 MySQL 中可以使用的比较运算符。

表 7－1　比较运算符

运算符	含义	运算符	含义
=	等于	<=	小于等于
>	大于	<>，!=	不等于
<	小于	<=>	相等或者等于空
>=	大于等于		

比较运算符可以用于比较数字和字符串。数字作为浮点值比较，而字符串以不区分大小写的方式进行比较。

注意：MySQL 在运算过程中能够自动地把数字转换为字符串，而在比较运算过程中，能够自动地把字符串转换为数字。

（1）= 运算符。

= 运算符用于比较表达式的两边是否相等，也可以对字符串进行比较。

默认情况下，MySQL 以不区分大小写的方式比较字符串，因此表达式 'a'='A' 的结果为真。如果想进行区分大小写的比较，可以添加 BINARY 关键字，这意味着对字符串以二进制方式处理。例如：

```
SELECT 'Apple'='apple',BINARY 'Apple'='apple';
```

（2）<> 运算符。

与 = 运算符相对立的是 <> 运算符，用于检测表达式的两边是否相等，如果不相等则返回真值，相等则返回假值。

（3）<=、>=、< 和 > 运算符。

<=、>=、< 和 > 运算符用于比较表达式的左边是小于或等于、大于或等于、小于还是大于它的右边。

3. 逻辑运算符

逻辑运算符用于对某个条件进行测试，结果为 TRUE(1) 或 FALSE(0)。MySQL 提供的逻辑运算符见表 7－2。

表 7-2 逻辑运算符

运算符	运算规则	运算符	运算规则
NOT 或 !	逻辑非	OR 或 ||	逻辑或
AND 或 &&	逻辑与	XOR	逻辑异或

（1）NOT 运算符。

逻辑运算符中最简单的是 NOT 运算符，用于对后面的逻辑测试判断取反，把真变假，假变真。

（2）AND 运算符。

AND 运算符用于测试两个或更多的值（或表达式求值）的有效性，如果它的所有成分为真，并且不是 NULL，那么结果为真值，否则为假值。

（3）OR 运算符。

如果包含的值或表达式中有一个为真并且不是 NULL（不需要所有成分为真），那么结果为真值；若全为假，则结果为假值。

（4）XOR 运算符。

如果包含的值或表达式中的一个为真而另一个为假，并且不是 NULL，那么结果为真值，否则为假值。

4. 运算符优先级

当一个复杂的表达式中有多个运算符时，运算符优先级（见表 7-3）决定执行运算的顺序，该顺序会影响运算结果。在一个表达式中，按先高（优先级数字小）后低（优先级数字大）的顺序进行运算。

表 7-3 运算符优先级

运算符	优先级	运算符	优先级
+（正）、（-负）	1	NOT	5
*（乘）、/（除）、%（模）	2	AND	6
+（加）、-（减）	3	OR	7
=，>，<，>=，<=，<>，!=，!>，!<	4	=（赋值）	8

5. 表达式

表达式就是常量、变量、列名、运算符和函数的组合。一个表达式通常可以得到一个值。与常量和变量一样，表达式的值也具有某种数据类型，如字符类型、数值类型、日期时间类型。根据表达式值的类型，可以将表达式分为字符型表达式、数值型表达式和日期表达式。

表达式按照形式可以分为单一表达式和复合表达式。单一表达式就是一个单一的值，如一个常量或列名。复合表达式是指由运算符将多个单一表达式连接而成的表达式。例如：

```
1+2+3,a=b+3, '2008-01-20'+INTERVAL 2 MONTH
```

表达式一般用在SELECT及SELECT语句的WHERE子句中。

7.1.4 系统内置函数

1. 数学函数

数学函数用于执行一些比较复杂的算术操作。MySQL支持很多数学函数。若发生错误，所有的数学函数都会返回NULL。常用的数学函数如下：

（1）GREATEST()和LEAST()函数。

GREATEST()和LEAST()是常用数学函数，功能是获得一组数中的最大值和最小值。例如：

```
SELECT GREATEST(l0,9,128,1),LEAST(l,2,3);
```

注意：MySQL不允许函数名和括号之间有空格。

（2）FLOOR()和CEILING()函数。

FLOOR()函数用于获得小于一个数的最大整数值，CEILING()函数用于获得大于一个数的最小整数值。例如：

```
SELECT FLOOR(-1.2),CEILING(-1.2),FLOOR(9.9),CEILING(9.9);
```

（3）ROUNDO()和TRUNCATE()函数。

ROUNDO()函数用于获得一个数的四舍五入的整数值。例如：

```
SELECT ROUND(5.1),ROUND(25.501),ROUND(9.8);
```

TRUNCATE()函数用于把一个数字截取为一个指定小数个数的数字，逗号后面的数字表示指定小数的位数。例如：

```
SELECT TRUNCATE(1.54578,2),TRUNCATE(-76.12,5);
```

（4）ABS()函数。

ABS()函数用于获得一个数的绝对值。例如：

```
SELECT ABS(-878),ABS(-8.345);
```

（5）SIGN()函数。

SIGN()函数用于返回数值的符号，返回的结果是正数（1）、负数（–1）或者零（0）。例如：

```
SELECT SIGN(-2),SIGN(2),SIGN(0);
```

（6）SQRT()函数。

SQRT()函数用于返回一个数的平方根。例如：

```
SELECT SQRT(25),SQRT(15),SQRT(1);
```

2. 字符串函数

在字符串函数中，包含的字符串必须用单引号括起来。MySQL提供了很多字符串函数，下面介绍重要的字符串函数。

（1）ASCII() 函数。

```
ASCII(char)
```

返回字符表达式最左端字符的 ASCII 值。参数 char 的类型为字符型表达式，返回值为整型。例如：

```
SELECT ASCII('A');
```

返回字母 A 的 ASCII 码值。

（2）CHAR() 函数。

```
CHAR(x1,x2,x3,...)
```

将 x1、x2、x3…的 ASCII 码转换为字符并将结果组合成一个字符串。参数 x1、x2、x3…为 0 ～ 255 的整数，返回值为字符型。例如：

```
SELECT CHAR(65,66,67);
```

返回 ASCII 码值为 65、66、67 的字符，组成一个字符串。

（3）LEFT() 和 RIGHT() 函数。

```
LEFT|RIGHT(str,x)
```

分别返回从字符串 str 左边和右边开始指定的 x 个字符。例如：

```
SELECT LEFT( 书名，3) FROM Book;
```

返回 Book 表中书名最左边的 3 个字符。

（4）TRIM()、LTRIM() 和 RTRIM() 函数。

```
TRIM|LTRIM|RTRIM(str)
```

LTRIM() 和 RTRIM() 函数用于删除字符串中前面的空格和尾部的空格，返回值为字符串。参数 str 为字符型表达式，返回值类型为 varchar。

TRIM() 函数用于删除字符串首部和尾部的所有空格。例如：

```
SELECT TRIM('  MySQL  ');
```

返回 MySQL 这 5 个字符。

（5）REPLACE() 函数。

```
REPLACE(str1,str2,str3)
```

REPLACE() 函数的作用是用字符串 str3 替换 str1 中出现的所有字符串 str2，返回替换后的字符串。例如：

```
SELECT REPLACE('Welcome to CHINA','o','K');
```

（6）SUBSTRING() 函数。

```
SUBSTRING(expression,Start,Length)
```

返回 expression 中指定的部分数据。参数 expression 可为字符串、二进制串、text、image 字段或表达式。Start、Length 均为整型，前者指定子串的开始位置，后者指定子串的长度（需要返回的字节数）。如果 expression 是字符类型和二进制类型，则返回值类型与 expression 的类型相同。如果为 text 类型，返回的是 varchar 类型。

3. 日期和时间函数

MySQL 有很多日期和时间的数据类型，因此有许多操作日期和时间的函数。日期和时间函数在 SQL 语句中应用相当广泛。

（1）NOW() 函数。

使用 NOW() 函数可以获得当前的日期和时间，以 YYYY-MM-DD HH:MM:SS 的格式返回当前的日期和时间。

```
SELECT NOW();
```

（2）CURTIME() 和 CURDATE() 函数。

CURTIME() 和 CURDATE() 函数比 NOW() 函数更为具体化，它们分别返回的是当前的时间和日期，没有参数。

```
SELECT CURTIME(),CURDATE();
```

（3）YEAR(dstr) 函数。

YEAR(dstr) 函数用于分析日期值 dstr 并返回其中关于年的部分。例如：

```
SELECT YEAR(20180512142800),YEAR('1992-11-02');
```

（4）MONTH() 和 MONTHNAME() 函数。

MONTH() 和 MONTHNAME() 函数分别以数值和字符串的格式返回参数中月的部分。例如：

```
SELECT MONTH(20180512142800),MONTHNAME('1992-11-02');
```

（5）DAYNAME() 函数。

和 MONTHNAME() 函数相似，DAYNAME() 以字符串形式返回星期名。例如：

```
SELECT DAYNAME('2018-06-01');
```

4. 加密函数

MySQL 特意设计了一些函数，用于对数据进行加密。

（1）AES_ENCRYPT() 和 AES_DECRYPT() 函数。

```
AES_ENCRYPT|AES_DECRYPT(str,key)
```

AES_ENCRYPT() 函数返回的是密钥 key 对字符串 str 利用高级加密标准（AES）算

法加密后的结果，结果是一个二进制的字符串，以 blob 类型存储。AES_DECRYPT() 函数用于对通过高级加密方法加密的数据进行解密。若检测到无效数据或不正确的填充，函数会返回 NULL。AES_ENCRYPT() 和 AES_DECRYPT() 函数是 MySQL 中普遍应用的安全的加密函数。

（2）ENCODE() 和 DECODE() 函数。

```
ENCODE|DECODE(str,key)
```

ENCODE() 函数用于对字符串 str 进行加密，返回的结果是一个二进制字符串，以 blob 类型存储。DECODE() 函数使用正确的密钥对加密后的结果进行解密。与 AES_ENCRYPT() 和 AES_DECRYPT() 函数相比，这两个函数的加密程度较弱。

（3）PASSWORD() 函数。

```
PASSWORD(str)
```

返回字符串 str 加密后的密码字符串，该加密过程不可逆，和 UNIX 密码加密过程使用的算法不同。主要用于 MySQL 的认证系统。

```
SELECT PASSWORD('MySQL');
```

返回字符串 MySQL 的加密版本。

5. 控制流函数

MySQL 中的部分函数是用来进行条件操作的。这些函数可以实现 SQL 的条件逻辑，允许开发者将一些应用程序业务逻辑转换到数据库后台。

和许多脚本语言提供的 IF() 函数一样，MySQL 的 IF() 函数也可以建立一个简单的条件测试。

```
IF(expr1,expr2,expr3)
```

该函数有 3 个参数，第 1 个是要被判断的表达式，如果表达式为真，IF() 将会返回第 2 个参数；如果为假，IF() 将会返回第 3 个参数。

```
SELECT IF(2*4>9-5,' 是 ',' 否 ');
```

先判断 2*4 是否大于 (9–5)，是则返回“是”，否则返回“否”。

6. 类型转换函数

MySQL 提供 CAST() 函数进行数据类型转换，它可以把一个值转换为指定的数据类型。

```
CAST(expr,AS type)
```

expr 是 CAST() 函数要转换的值，type 是转换后的数据类型。

在 CAST() 函数中，MySQL 支持以下数据类型：BINARY、CHAR、DATE、TIME、DATETIME、SIGNED 和 UNSIGNED。

通常，使用数值操作时，字符串会自动转换为数字，因此下述两种操作会得到相同的结果：

```
SELECT 1+'99',1+CAST('99' AS SIGNED);
```

字符串可以指定为BINARY类型，这样它们的比较操作就对大小写敏感。使用CAST()函数指定一个字符串为BINARY和在字符串前面使用BINARY关键词具有相同的作用。

```
SELECT 'a'=BINARY 'A','a'=CAST('A' AS BINARY);
```

两个表达式的结果都为零，表示这两个表达式都为假。因此，将字符串指定为BINARY类型后，对大小写是敏感的。

MySQL还可以强制将日期和时间函数的值作为一个数而不是字符串输出。

```
SELECT CAST(CURDATE() AS SIGNED);
```

将当前日期显示为数值形式。

7. 系统信息函数

MySQL提供了一些特殊的函数，以便获得系统本身的信息。表7－4列出了主要的信息函数。

表7－4　信息函数

函数	功能
DATABASE()	返回当前数据库名
BENCHMARK(n,expr)	将表达式expr重复运行*n*次
CHARSET(str)	返回字符串str的字符集
CONNECTION_ID()	返回当前客户的连接ID
FOUND_ROWS()	将最后一个SELECT查询（没有以LIMIT语句进行限制）返回的记录行数返回
GET LOCK(str,dur)	获得一个由字符串str命名的并且有dur秒延时的锁定
IS_FREE_LOCK(str)	检查以str命名的锁定是否释放
LAST_INSERT_ID()	返回由系统自动产生的最后一个AUTOINCREMENT ID的值
MASTER_POS_WAIT(log, pos, dur)	锁定主服务器dur秒，直到从服务器与主服务器的日志log指定的位置pos同步
RELEASE_LOCK(str)	释放由字符串str命名的锁定
USER()或SYSTEM_USER()	返回当前登录用户名
VERSION()	返回MySQL服务器的版本

任务2　存储过程

7.2.1　认识存储过程

存储过程是存放在数据库中的一段程序，是数据库对象之一。它由声明式SQL语句

（如 CREATE、UPDATE 和 SELECT 等语句）和过程式 SQL 语句（如 IF-THEN-ELSE 语句）组成。存储过程可以由程序、触发器或另一个存储过程来调用并激活，进而实现代码段中的 SQL 语句。

使用存储过程的优点如下：

（1）存储过程在服务器端运行，执行速度快。

（2）存储过程执行一次后，其执行规划就驻留在高速缓冲存储器中，以后操作时，只需从高速缓冲存储器中调用已编译好的二进制代码执行即可，提高了系统性能。

（3）确保数据库的安全。存储过程可以完成所有数据库操作，并可通过编程方式控制上述操作对数据库信息访问的权限。

7.2.2 创建存储过程

7-1 创建存储过程

存储过程可以使用 CREATE PROCEDURE 语句创建。要在 MySQL 5.1 中创建存储过程，必须具有 CREATE ROUTINE 权限。

语法格式如下：

```
CREATE PROCEDURE 存储过程名 ([ 参数 [,…]]) 存储过程体
```

语法说明如下：

- 存储过程名。存储过程的名称，默认在当前数据库中创建。需要在特定数据库中创建存储过程时，需要在名称前面加上数据库的名称，格式为 db_name.sp_name。注意，应尽量避免取与 MySQL 内置函数相同的名称，否则会发生错误。
- 参数。存储过程的参数，格式如下：

```
[ IN | OUT | INOUT ] 参数名 类型
```

有多个参数时，中间用逗号隔开。存储过程可以有 0 个、1 个或多个参数。MySQL 存储过程支持 3 种类型的参数：输入参数、输出参数和输入 / 输出参数，关键字分别是 IN、OUT 和 INOUT。输入参数使数据可以传递给一个存储过程。当需要返回一个答案或结果时，存储过程使用输出参数。输入 / 输出参数既可以充当输入参数也可以充当输出参数。存储过程也可以不加参数，但名称后面的括号不可省略。另外，参数的名称不要使用列名，否则虽然不会返回出错消息，但是存储过程中的 SQL 语句会将参数名看作列名，从而导致不可预知的结果。

- 存储过程体。存储过程的主体部分，包含过程调用时必须执行的语句。该部分总是以 BEGIN 开始，以 END 结束。当存储过程体中只有一个 SQL 语句时可以省略 BEGIN-END 标志。

【例 7－1】 创建无参存储过程，查看所有订单信息。

SQL 语句如下：

```
mysql> DELIMITER $
CREATE PROCEDURE select_all_orders()
BEGIN
SELECT * FROM orders;
```

```
END $
DELIMITER ;
Query OK, 0 rows affected
```

【例 7－2】 创建有参存储过程，根据航班号查询价格。

SQL 语句如下：

```
mysql> DELIMITER //
CREATE PROCEDURE show_someone_orders(IN flight_id VARCHAR(20))
BEGIN
SELECT price FROM orders WHERE f_id = flight_id;
END //
DELIMITER ;
Query OK, 0 rows affected
```

【例 7－3】 创建有参存储过程，输出订单中航班最低价格。

SQL 语句如下：

```
mysql> DELIMITER //
CREATE PROCEDURE show_min_orders(OUT ms DOUBLE)
BEGIN
SELECT MIN(price) INTO ms FROM orders;
END //
DELIMITER ;
Query OK, 0 rows affected
```

【例 7－4】 创建有参存储过程，根据航班号查询订单表中的最低价格。

SQL 语句如下：

```
mysql> DELIMITER //
CREATE PROCEDURE show_someone_orders2(IN flight_id VARCHAR(20),OUT ms DOUBLE)
BEGIN
SELECT MIN(price) INTO ms FROM orders WHERE f_id = flight_id;
END //
DELIMITER ;
Query OK, 0 rows affected
```

在创建存储过程之前，我们先了解一个很实用的命令，即 DELIMITER 命令。在 MySQL 中，服务器处理语句时是以分号为结束标志的，但是在创建存储过程时，存储过程体中可能包含多个 SQL 语句，每个 SQL 语句都以分号结尾，服务器处理程序便会在遇到第 1 个分号时结束程序，这是不行的。使用 DELIMITER 命令可以将 MySQL 语句的结束标志修改为其他符号。

语法格式如下：

```
DELIMITER $$
```

语法说明如下：

- $$ 是用户定义的结束符，也可以是一些特殊符号，如 2 个“#”或 2 个“¥”等。注意，使用 DELIMITER 命令时，应避免使用反斜杠（\）字符，因为它是 MySQL 的转义字符。

7.2.3 显示存储过程

要想查看数据库中有哪些存储过程，可以使用 SHOW PROCEDURE STATUS 命令。要查看某个存储过程的具体信息，可使用 SHOW CREATE PROCEDURE sp_name 命令，其中 sp_name 是存储过程的名称。

使用 SHOW PROCEDURE STATUS 查看当前数据库中的存储过程：

```
SHOW PROCEDURE STATUS;
```

使用 SHOW CREATE PROCEDURE 查看存储过程的创建代码：

```
SHOW CREATE PROCEDURE 存储过程名;
```

例如，要查看之前创建的存储过程 del_member，可使用：

```
SHOW CREATE PROCEDURE del_member;
```

【例 7-5】 显示存储过程。

SQL 语句和执行结果如下：

```
mysql> SELECT routine_name
FROM information_schema.ROUTINES
WHERE routine_schema='threekingdomsair';
+----------------------------+
| ROUTINE_NAME               |
+----------------------------+
| select_all_orders          |
| show_min_orders            |
| show_someone_orders        |
| show_someone_orders2       |
+----------------------------+
4 rows in set
```

7.2.4 调用存储过程

存储过程创建完成后，可以在程序、触发器或存储过程中调用，调用时必须使用 CALL 语句。

7-2 调用和删除存储过程

语法格式如下：

```
CALL 存储过程名 ([ 参数 [,...]])
```

语法说明如下：

● 存储过程名。存储过程的名称，如果要调用某个特定数据库的存储过程，则需要在前面加上该数据库的名称。

● 参数。调用该存储过程时使用的参数，这条语句中的参数个数必须总是等于存储过程的参数个数。

【例 7－6】 调用“例 7－1”的存储过程。

SQL 语句和执行结果如下：

```
mysql> call select_all_orders();
+-----+---------------------+----------+------------+---------+------+-------+----+
| o_id | p_id               | f_id     | flightDate | grade   | seat | price | gate |
+-----+---------------------+----------+------------+---------+------+-------+----+
|    1 | 982536014789632541 | 9C7411 | 2022-08-26 | 经济舱 | 8B  |   780 | 3 |
|    2 | 156487953214789632 | 9C6859 | 2022-08-26 | 经济舱 | 6E  |  1050 | 2 |
|    3 | 369874125896547123 | CW3101 | 2022-08-26 | 商务舱 | 2A  |  2680 | 6 |
|   11 | 785463219874563214 | CZ3132 | 2022-08-26 | 经济舱 | 12E |  1250 | 5 |
|   12 | 123698547852369874 | NS3223 | 2022-08-26 | 经济舱 | 9C  |   760 | 5 |
|   13 | 123698547852369874 | CZ3109 | 2022-08-26 | 商务舱 | 3C  |  2680 | 3 |
|   14 | 785463219874563214 | 9C8899 | 2022-08-26 | 经济舱 | 10F |   890 | 4 |
|   15 | 369874125896547123 | NS3287 | 2022-08-26 | 商务舱 | 2B  |  2880 | 4 |
|   16 | 156487953214789632 | PN6411 | 2022-08-26 | 经济舱 | 13D |   890 | 2 |
|   17 | 982536014789632541 | WL3121 | 2022-08-26 | 经济舱 | 7B  |   920 | 5 |
……………………………………此处省略部分查询结果……………………………………
+-----+---------------------+----------+------------+---------+------+-------+----+
26 rows in set
Query OK, 0 rows affected
```

【例 7－7】 调用“例 7－2”的存储过程。

SQL 语句和执行结果如下：

```
mysql> call show_someone_orders('9C7411');
+------+
| price |
+------+
|   780 |
+------+
1 row in set

Query OK, 0 rows affected
```

【例 7－8】 调用“例 7－3”的存储过程。

SQL 语句和执行结果如下：

```
mysql> SET @min;
CALL show_min_orders(@min);
SELECT @min;
```

```
+-------+
| @min |
+-------+
| 420   |
+-------+
1 row in set
```

【例 7－9】 调用“例 7－4”的存储过程。

SQL 语句和执行结果如下：

```
mysql> SET @min2;
CALL show_someone_orders2('9C7411',@min2);
SELECT @min2;
+--------+
| @min2 |
+--------+
|  780   |
+--------+
1 row in set
```

7.2.5 删除存储过程

可以使用 DROP PROCEDURE 语句删除存储过程。删除之前，必须确认该存储过程没有任何依赖关系，否则会导致其他与之关联的存储过程无法运行。

语法格式如下：

```
DROP PROCEDURE [IF EXISTS] 存储过程名
```

语法说明如下：

- 存储过程名。要删除的存储过程的名称。
- IF EXISTS 子句是 MySQL 的扩展，如果程序或函数不存在，可防止发生错误。

【例 7－10】 删除 show_someone_orders 存储过程。

SQL 语句如下：

```
mysql> DROP PROCEDURE  IF EXISTS show_someone_orders;
Query OK, 0 rows affected
```

【例 7－11】 删除 show_min_orders 存储过程。

SQL 语句如下：

```
mysql> DROP PROCEDURE  IF EXISTS show_min_orders;
Query OK, 0 rows affected
```

【例 7－12】 删除 show_someone_orders2 存储过程。

SQL 语句如下：

```
mysql> DROP PROCEDURE  IF EXISTS show_someone_orders2;
```

```
Query OK, 0 rows affected
```

7.2.6 存储过程的嵌套

创建一个存储过程 sell_insert()，其作用是向 Sell 表中插入一行数据。创建另外一个存储过程 sell_update，在其中调用第 1 个存储过程。如果给定参数为 0，则修改由第 1 个存储过程插入记录的信息；如果给定参数为 1，则删除第 1 个存储过程插入的记录，并将操作结果输出。

第 1 个存储过程：向 Sell 表中插入一行数据。

SQL 语句如下：

```
DELIMITER $
CREATE PROCEDURE sell_insert()
BEGIN
INSERT INTO Sell VALUES('17','430103198608201963','ISBN7-301-06342-3',4,30,'2013-03-05',NULL,NULL,NULL);
END $
DELIMITER ;
```

第 2 个存储过程：调用第 1 个存储过程，并输出结果。

SQL 语句如下：

```
DELIMITER $$
CREATE PROCEDURE sell_update (IN X INT(1), OUT STR CHAR(8))
BEGIN
CALL sell_insert();
CASE
WHEN x=0 THEN
UPDATE Sell SET 是否发货 =' 已发货 ' WHERE 订单号 ='17';
SET STR=' 修改成功 ';
WHEN X=1 THEN DELETE FROM Sell WHERE 订单号 ='17';
SET STR=' 删除成功 ';
END CASE;
END$$
DELIMITER;
```

调用存储过程 sell_update 来查看结果：

```
CALL sell_update(1, @str);
SELECT @str;
```

结果为：删除成功。

```
CALL sell_update(0,@str);
SELECT @str;
```

结果为：修改成功。

任务3 触发器

7.3.1 认识触发器

触发器用于保护表中数据，触发器不需要调用，当有操作影响触发器保护的数据时，触发器会自动执行。触发器可以帮助用户方便地确保数据库中数据的完整性。例如，要删除Bookstore库的Book表中的一本图书目录时，该图书在Sell表中的所有数据也应同时被删除，这样才不会出现多余数据。此时就可以通过定义DELETE触发器来实现该过程。

7.3.2 创建触发器

可以使用CREATE TRIGGER语句创建触发器。

语法格式如下：

```
CREATE TRIGGER 触发器名 触发时间 触发事件
ON 表名 FOR EACH ROW 触发器动作
```

语法说明如下：

- 触发器名。触发器的名称，触发器在当前数据库中必须具有唯一的名称。如果要在某个特定数据库中创建，名称前面应该加上数据库的名称。
- 触发时间。触发器触发的时刻，有两个选项：BEFORE和AFTER，表示触发器是在激活它的语句之前或之后触发。如果想在激活触发器的语句执行之后触发，使用AFTER选项；如果想验证新数据是否满足使用的限制，则使用BEFORE选项。
- 触发事件。指明激活触发程序的语句的类型。触发事件可以是以下事件：

INSERT，将新行插入表时激活触发器。例如，使用INSERT、LOAD DATA和REPLACE语句。

UPDATE，更改某一行时激活触发器。例如，使用UPDATE语句。

DELETE，从表中删除某一行时激活触发器。例如，使用DELETE和REPLACE语句。

- 表名。与触发器相关的表名，在该表上发生触发事件才会激活触发器。同一个表不能拥有2个具有相同触发时刻和事件的触发器。例如，对于某一表，不能有2个BEFORE UPDATE触发器，但可以有1个BEFORE UPDATE触发器和1个BEFORE INSERT触发器，或1个BEFORE UPDATE触发器和1个AFTER UPDATE触发器。
- FOR EACH ROW。该声明指定受触发事件影响的每一行都要激活触发器的动作。例如，使用一条语句向一个表中添加一组行，触发器会对每一行执行相应触发器动作。
- 触发器动作。包含触发器激活时将要执行的语句。如果要执行多个语句，可使用BEGIN...END复合语句结构。这样，就能使用存储过程中允许的相同语句。

触发器不能返回任何结果到客户端。为了阻止从触发器返回结果，不要在触发器定义中包含SELECT语句。同样，也不能调用将数据返回客户端的存储过程。

【例 7－13】 创建触发器 before_insert，实现插入订单时，先插入乘客信息。

SQL 语句如下：

```
mysql> DELIMITER //
CREATE TRIGGER before_insert
BEFORE INSERT ON passenger
FOR EACH ROW
BEGIN
INSERT INTO orders
VALUES(null,'788536014799632543','9C8673','2022-08-26',' 商务舱 ','4B','1730','3');
END //
DELIMITER ;
Query OK, 0 rows affected
```

【例 7－14】 向“乘客表（passenger）”插入一条新乘客数据。

SQL 语句如下：

```
mysql> INSERT INTO  passenger
VALUES('788536014799632543',' 貂蝉 ',' 女 ','30','2003-05-14','11124638636');
Query OK, 1 row affected
```

【例 7－15】 查看“订单表（orders）”中的数据。

SQL 语句和执行结果如下：

```
mysql> SELECT * FROM orders WHERE p_id='788536014799632543';
+-----+--------------------------+---------+--------------+---------+------+-------+------+
| o_id | p_id                    | f_id    | flightDate   | grade   | seat | price | gate |
+-----+--------------------------+---------+--------------+---------+------+-------+------+
|   34 | 788536014799632543 | 9C8673 | 2022-08-26 | 商务舱 | 4B   |  1730 | 3    |
+-----+--------------------------+---------+--------------+---------+------+-------+------+
1 row in set
```

要查看数据库中有哪些触发器可以使用 SHOW TRIGGERS 命令。

MySQL 触发器中的 SQL 语句可以关联表中的任意列，但不能直接使用列的名称去标识，会使系统混淆，这是因为激活触发器的语句可能已经修改、删除或添加了新的列名，而列的旧名同时存在。必须用这样的语法来标识：NEW.column_name 或 OLD.column_name。NEW.column_name 用于引用新行的一列；OLD.column_name 用于引用更新或删除它之前的已有行的一列。

对于 INSERT 语句，只有 NEW 是合法的；对于 DELETE 语句，只有 OLD 才合法；而 UPDATE 语句可以与 NEW 或 OLD 同时使用。

7.3.3 删除触发器

和其他数据库对象一样，使用 DROP 语句可将触发器从数据库中删除。

语法格式如下：

```
DROP TRIGGER 触发器名
```

语法说明如下：

- 触发器名。要删除的触发器的名称。

【例 7－16】 查看触发器 before_insert。

SQL 语句如下：

```
SHOW CREATE TRIGGER before_insert;
```

【例 7－17】 删除触发器 before_insert。

SQL 语句如下：

```
mysql> DROP TRIGGER IF EXISTS before_insert;
Query OK, 0 rows affected
```

任务 4 存储函数

7.4.1 认识存储函数

存储函数也是过程式对象之一，与存储过程相似。它们都是由 SQL 和过程式语句组成的代码片段，并且可以从应用程序和 SQL 中调用。然而，它们也有一些区别，具体如下：

（1）存储函数没有输出参数，因为存储函数本身就是输出参数。

（2）不能用 CALL 语句来调用存储函数。

（3）存储函数必须包含一条 RETURN 语句，而这条特殊的 SQL 语句不允许包含在存储过程中。

7.4.2 创建存储函数

可以使用 CREATE FUNCTION 语句创建存储函数。

语法格式如下：

```
CREATE FUNCTION 存储函数名 ([ 参数 [,…]])
RETURNS 类型
函数体
```

语法说明如下：

- 存储函数名。存储函数的名称，存储函数不能拥有与存储过程相同的名字。
- 参数。存储函数的参数，参数有名称和类型。
- RETURNS 类型子句用于声明函数返回值的数据类型。
- 函数体。存储函数的主体，也叫存储函数体，所有在存储过程中使用的 SQL 语句在存储函数中也适用，包括流程控制语句、游标等。但是存储函数体中必须包含一个 RETURN 值语句，值为存储函数的返回值。这是存储过程体中没有的。

存储函数的定义格式和存储过程相差不大，下面举例说明。

【例 7－18】 创建存储函数“passenger_id()”，查询刘备的身份证号。

SQL 语句如下：

```
mysql> DELIMITER //
CREATE FUNCTION passenger_id()
RETURNS VARCHAR(25)
DETERMINISTIC
CONTAINS SQL
BEGIN
RETURN (SELECT p_id FROM passenger WHERE name = '刘备');
END //
DELIMITER ;
Query OK, 0 rows affected
```

RETURN 子句中包含 SELECT 语句时，SELECT 语句的返回结果只能是一行且只能有一列值。

虽然该存储函数没有参数，使用时也要用 ()，如 num_book()。

【例 7－19】 创建存储函数“passenger_name()”，根据 id 查看姓名。

SQL 语句如下：

```
mysql> DELIMITER //
CREATE FUNCTION passenger_name(id VARCHAR(25))
RETURNS VARCHAR(25)
DETERMINISTIC
CONTAINS SQL
BEGIN
RETURN (SELECT name FROM passenger WHERE p_id = id);
END //
DELIMITER ;
Query OK, 0 rows affected
```

该存储函数给定 id，返回姓名。

7.4.3 调用存储函数

调用存储函数的方法和使用系统提供的内置函数相同，都是通过 SELECT 关键字。

语法格式如下：

```
SELECT 存储函数名 ([ 参数 [,…]])
```

存储函数中还可以调用另外的存储函数或存储过程。

【例 7－20】 调用存储函数 passenger_id()，查看刘备的身份证号。

SQL 语句如下：

```
mysql> SELECT passenger_id();
+--------------------------+
| passenger_id()           |
```

```
+--------------------------+
| 982536014789632541 |
+--------------------------+
1 row in set
```

【例 7－21】 调用存储函数 passenger_name()，根据 id 查看姓名。

SQL 语句和执行结果如下：

```
mysql> SET @id = '788536014799632543';
SELECT passenger_name('788536014799632543');
Query OK, 0 rows affected
+---------------------------------------------+
| passenger_name('788536014799632543') |
+---------------------------------------------+
| 貂蝉                                        |
+---------------------------------------------+
1 row in set
```

7.4.4 查看存储函数

要查看数据库中有哪些存储函数，可以使用 SHOW CREATE FUNCTION passenger_name 命令。

【例 7－22】 查看存储函数。

SQL 语句如下：

```
mysql> SHOW CREATE FUNCTION passenger_name;
```

7.4.5 删除存储函数

可以使用 DROP FUNCTION IF EXISTS passenger_name 命令删除数据库中的存储函数。

【例 7－23】 删除存储函数。

SQL 语句如下：

```
mysql> DROP FUNCTION  IF EXISTS passenger_name;
```

7.4.6 MySQL 的系统函数

MySQL 中的函数包括数学函数、字符串函数、日期和时间函数、流程控制函数等。

1. 数学函数

（1）绝对值函数 ABS(x)。

（2）返回圆周率的函数 PI()。

（3）平方根函数 SQRT(x)。

（4）求余函数 MOD(x,y)。

（5）获取整数的函数 CEIL(x)、CEILING(x) 和 FLOOR(x)。

（CEIL(x) 和 CEILING(x) 的意义相同，返回不小于 x 的最小整数值，返回值转化为一个 BIGINT。FLOOR(x) 返回不大于 x 的最大整数值，返回值转化为一个 BIGINT。）

（6）获取随机数的函数 RAND() 和 RAND(x)。

（7）函数 ROUND(x)、ROUND(x,y) 和 TRUNCATE(x,y)。

ROUND(x) 返回最接近于参数 x 的整数，对 x 值进行四舍五入。

ROUND(x,y) 返回最接近于参数 x 的数，其值保留到小数点后面 y 位，若 y 为负值，则将保留 x 值到小数点左边 y 位。

TRUNCATE(x,y) 返回被舍去至小数点后 y 位的数字 x。若 y 的值为 0，则结果不带有小数点或不带有小数部分。若 y 设为负数，则截（归零）x 小数点左起第 y 位开始后面所有低位的值。

（8）符号函数 SIGN(x)。

SIGN(x) 返回参数的符号，x 的值为负、零或正时返回结果依次为 -1、0 或 1。

（9）幂运算函数 POW(x,y)、POWER(x,y) 和 EXP(x)。

POW(x,y) 或 POWER(x,y) 函数返回 x 的 y 次乘方的结果值。EXP(x) 返回 e 的 x 乘方后的值。

2. 字符串函数

（1）计算字符串字符数的函数和字符串长度的函数 CHAR_LENGTH（str）的返回值为字符串 str 所包含的字符个数。

（2）合并字符串函数 CONCAT(s1,s2...)。

（3）替换字符串函数 INSERT(s1,x,len,s2) 返回字符串 s1，子字符串起始于 x 位置，并且用 len 个字符长的字符串代替 s2。

（4）字母大小写转换。

LOWER(str) 或 LCASE(str) 可以将字符串 str 中的字母字符全部转换成小写字母。

UPPER(str) 或 UCASE(str) 可以将字符串 str 中的字母字符全部转换成大写字母。

（5）获取指定长度的字符串的函数 LEFT(s.n),RIGHT(s,n)。

（6）填充字符串的函数 LPAD(s1,len,s2)。

函数将字符串 s2 填充到 s1 的开始处，使字符串的长度达到 len，然后返回字符串 s1。如果字符串 s1 的长度大于 len，则返回值被缩短至 len 字符长度。

（7）删除空格的函数 LTRIM(s)、RTRIM(s)、TRIM(s)。

（8）重复生成字符串的函数 REPEAT(s,n)。

（9）比较字符串大小的函数 STRCMP(s1,s2)。

（10）获取子字符串的函数 SUBSTRING(s,n,len)。

（11）字符串逆序的函数 REVERSE(s)。

（12）匹配子串开始位置的函数 LOCATE(str1,str)。

3. 日期和时间函数

（1）返回当前系统的日期值，CURDATE 和 CURRENT_DATE。

（2）返回当前系统的时间值，CURTIME 和 CURRENT_TIME。

（3）返回当前系统的日期和时间值，NOW 和 SYSDATE。

（4）获取 UNIX 时间戳函数，返回一个以 UNIX 时间戳为基础的无符号整数，UNIX_

TIMESTAMP。

（5）将 UNIX 时间戳转换为时间格式，与 UNIX_TIMESTAMP 互为反函数，FROM_UNIXTIME。

（6）获取指定日期中的月份，MONTH。

（7）获取指定日期中的月份的英文名称，MONTHNAME。

（8）获取指定日期对应的星期数的英文名称，DAYNAME。

（9）获取指定日期对应的一周的索引位置值，DAYOFWEEK。

（10）获取指定日期是一年中的第几周，返回值的范围是否为 0 ～ 52 或 1 ～ 53，WEEK。

（11）获取指定日期是一年中的第几天，返回值范围是 1 ～ 366，DAYOFYEAR。

（12）获取指定日期是一个月中的第几天，返回值范围是 1 ～ 31，DAYOFMONTH。

（13）获取年份，返回值范围是 1970 ～ 2069，YEAR。

（14）将时间参数转换为秒数，TIME_TO_SEC。

（15）将秒数转换为时间，与 TIME_TO_SEC 互为反函数，SEC_TO_TIME。

（16）两个函数功能相同，都是向日期添加指定的时间间隔，DATE_ADD 和 ADDDATE。

（17）两个函数功能相同，都是向日期减去指定的时间间隔，DATE_SUB 和 SUBDATE。

（18）时间加法运算，在原始时间上添加指定的时间，ADDTIME。

（19）时间减法运算，在原始时间上减去指定的时间，SUBTIME。

（20）获取两个日期的间隔，返回参数 1 减去参数 2 的值，DATEDIFF。

（21）格式化指定的日期，根据参数返回指定格式的值，DATE_FORMAT。

（22）获取指定日期在一周内的对应的工作日索引，WEEKDAY。

4. 流程控制函数

（1）判断、流程控制，IF。

（2）判断是否为空，IFNULL。

（3）搜索语句，CASE。

任务 5 事务

7.5.1 认识事务

事务是由单独单元的一个或多个 SQL 语句组成的，在这个单元中，每个 SQL 语句都是相互依赖的。整个单独单元作为一个不可分割的整体存在。

事务就是一个整体，里面的内容要么都执行成功，要么都不成功。不存在部分执行成功而部分执行不成功的情况。如果单元中某条 SQL 语句执行失败或者产生错误，那么整个单元将会回滚（返回最初状态），所有受到影响的数据将返回事务开始之前的状态；如果单元中的所有 SQL 语句都执行成功，那么该事务即被顺利执行。

数据都是通过各种不同技术的存储引擎来引导存储的，不同的存储引擎有各自的特点。在 MySQL 中，常见的存储引擎有 innodb、myisam，memory 等。其中 innodb 支持事务（transaction），而 myisam 和 memory 不支持事务。

1. 事务的 4 个特性（ACID）

（1）原子性（Atomicity）：事务是一个不可分割的最小工作单位，事务中的操作只有都发生和都不发生两种情况。

（2）一致性（Consistency）：事务必须使数据库从一个一致状态变换到另外一个一致状态。

（3）隔离性（Isolation）：一个事务的执行不能被其他事务干扰，即一个事务内部的操作及使用的数据对并发的其他事务是隔离的，并发执行的各个事务之间不能互相干扰。

（4）持久性（Durability）：一个事务一旦提交成功，它对数据库中数据的改变将是永久性的，后续操作或故障不应对其有任何影响。

2. 事务的分类

事务分为隐式事务和显式事务两种。DML 语句（insert、update、delete）就是隐式事务。

（1）隐式事务：该事务没有明显的开启和结束标记，它们都具有自动提交事务的功能。想一想，使用 update 语句修改数据时，是不是对表中数据做了改变，实际上，它就相当于一个事务。

（2）显式事务：该事务具有明显的开启和结束标记。使用显式事务的前提是禁用自动提交事务的功能。禁用自动提交事务的功能就是设置 autocommit 的变量值为 0（0：禁用，1：开启）。

7.5.2 事务的提交

数据库事务提交的 3 种方式：手动显式提交、自动提交及隐式提交。

1. 手动显式提交

手动管理事务时，需要用 COMMIT 命令直接完成的提交为显式提交。相关 SQL 语句为：

```
mysql>set autocommit = 0;
start transaction
<SQL 语句 >
commit;
```

2. 自动提交

自动提交开启之后，相当于每条 SQL 语句都是一个事务，并将其自动提交。如果 SQL 语句执行失败，系统会自动还原现场。相关 SQL 语句为：

```
mysql>SET AUTOCOMMIT ON;
```

3. 隐式提交

不管是手动管理事务还是自动管理事务，都存在隐式提交方式。隐式提交的场景如下：

（1）正常执行完 DDL 语句。

（2）正常执行完 DCL 语句。

（3）正常退出数据库管理软件或切换用户时没有明确发出 commit 或者 rollback。用 SQL

命令间接完成的提交为隐式提交：ALTER，AUDIT，COMMENT，CONNECT，CREATE，DISCONNECT，DROP，EXIT，GRANT，NOAUDIT，QUIT，REVOKE，RENAME。

例如：以 scott 账号登录，执行 delete from dept where deptno=50 后，再切换 system 账号登录，发现 deptno=50 的数据行已经被删除了，而 show autocommit=OFF;。

原因：同一客户端切换用户时，使用 disconnect、connect 命令将隐式提交事务。

解决方法：再打开一个控制台 sqlplus，用其他用户登录。在一个 sqlplus 中不能使用多个 session。

MySQL 数据库的原始操作默认为自动提交。由框架和中间件封装后的数据库的操作是否为自动提交则要看具体框架。

需要隐式提交的原因如下：

执行 DDL 语句时，Oracle 需要在它的系统表中进行元数据的记录操作（除了建表还会进行 insert 操作），从内部运行机制来看 DDL 语句和 DML 语句还是有很大区别的，DML 会对每个语句的每条记录都做好日志记录，以便进行事务回滚，而 DDL 的命令是自动提交的，更改将永久保存在数据库中，从功能和易用性方面来看，隐式提交都是较好的选择。

7.5.3 事务的回滚

回滚是删除由一个或多个部分完成的事务执行的更新。为保证应用程序、数据库或系统出现错误后还原数据库的完整性，需要使用回滚功能。回滚包括程序回滚和数据回滚等类型（泛指程序更新失败，返回上一次正确状态的行为）。

在操作事务时，如果发现当前事务操作是不合理的，只要还没有提交事务，就可以通过回滚功能取消当前事务。

相关 SQL 语句如下：

```
Mysql>rollback;
```

7.5.4 事务的隔离级别

每一个事务都有一个所谓的隔离级，定义了用户彼此隔离和交互的程度。事务型 RDBMS 的一个最重要的属性就是可以“隔离”在服务器上正在处理的不同会话。在单用户环境中，这个属性无关紧要，因为在任意时刻只有一个会话处于活动状态。但是在多用户环境中，许多 RDBMS 会话在任一给定时刻都是活动的。在这种情况下，RDBMS 能够隔离事务是非常重要的，既可使它们不互相影响，又能保证数据库性能不受影响。

如果不隔离事务，不同的 SELECT 语句将会在同一个事务的环境中检索到不同的结果，而在此期间，数据很可能已经被其他事务所修改，这将导致数据不一致问题。因此，强制对事务进行某种程度的隔离，可以确保应用程序在事务中看到的数据是一致的。

基于 ANSI/ISOSQL 规范，MySQL 提供了 4 种隔离级：序列化（SERIALIZABLE）、可重复读（REPEATABLE READ）、提交读（READ COMMITTED）和未提交读（READ UNCOMMITTED）。

只有支持事务的存储引擎才可以定义一个隔离级。可以使用 SET TRANSACTION 语句定义隔离级。

语法格式如下：

```
SET [GLOBAL I SESSION] TRANSACTION ISOLATION LEVEL SERIALIZABLE
I REPEATABLE READ
I READ COMMITTED
I READ UNCOMMITTED
```

语法说明如下：

- 如果指定 GLOBAL，那么定义的隔离级将适用于所有 SQL 用户；如果指定 SESSION，则隔离级只适用于当前运行的会话和连接。
- MySQL 默认为 REPEATABLE READ 隔离级。

1. 序列化

如果隔离级为序列化，用户之间将一个接一个顺序地执行当前的事务，从而提供事务之间最大限度的隔离。

2. 可重复读

在该隔离级上，事务不会被看作一个序列。不过，仍然不能看到正在执行的事务的变化，也就是说，如果用户在同一个事务中执行同一条 SELECT 语句数次，结果总是相同的。

默认情况下，该系统变量的值是基于每个会话设置的，但是可以通过向 SET 命令行添加 GLOBAL 关键字修改该全局系统变量的值。

3. 提交读

提交读隔离级的安全性比可重复读隔离级的安全性要差。不仅处于这一级的事务可以看到其他事务添加的新记录，而且其他事务对现存记录做出的修改一旦被提交，也可以被看到。这意味着在事务处理期间，如果其他事务修改了相应的表，那么同一个事务的多条 SELECT 语句可能返回不同的结果。

4. 未提交读

该隔离级提供了事务之间最小限度的隔离。除了容易产生虚幻的读操作和不能重复的读操作外，处于该隔离级的事务可以读到其他事务还没有提交的数据。如果这个事务使用其他事务不提交的变化作为计算的基础，而那些未提交的变化被它们的父事务撤销，将导致大量的数据错误。

系统变量 TX_ISOLATION 中存储了事务的隔离级，可以使用 SELECT 随时获得当前隔离级的值。

当用户从无保护的 READ UNCOMMITTED 隔离级转移到更安全的 SERIALIZABLE 隔离级时，RDBMS 的性能将受到影响。原因很简单：用户要求系统提供更强的数据完整性时，系统就需要做更多的工作，运行速度也就越慢。因此，需要在 RDBMS 的隔离性需求和性能之间协调。

MySQL 默认为 REPEATABLEREAD 隔离级，这个隔离级适用于大多数应用程序，只有当应用程序有具体的隔离级要求时才做改动。

项目实践

1. 实践目标

（1）掌握存储过程的功能和作用。

（2）掌握触发器的功能和作用。

（3）掌握存储函数的使用方法。

2. 实践内容

使用航空售票系统数据库 threekingdomsair，完成以下操作。

（1）创建存储过程，查询所有“乘客表（passenger）”信息并查看。

SQL 语句和执行结果如下：

```
mysql> DELIMITER //
CREATE PROCEDURE show_passenger01()
BEGIN
SELECT * FROM passenger;
END //
DELIMITER ;
Query OK, 0 rows affected
mysql> call show_passenger01();
+--------------------------+------+---------+-----+-------------+---------------+
| p_id                     | name | genger  | age | birthday    | tel           |
+--------------------------+------+---------+-----+-------------+---------------+
| 123698547852369874 | 曹操 | 男      |  65 | 1958-05-18 | 11124597177 |
| 156487953214789632 | 关羽 | 男      |  58 | 1965-06-25 | 11159595188 |
| 321654987456987123 | 周瑜 | 男      |  35 | 1988-08-17 | 11196439458 |
| 369874125896547123 | 张飞 | 男      |  54 | 1969-06-14 | 11113914658 |
| 456987123654789321 | 曹丕 | 男      |  39 | 1984-08-27 | 11146104787 |
| 741258963214785369 | 朱隽 | 女      |  18 | 2005-02-20 | 11183817054 |
| 785463219874563214 | 赵云 | 男      |  61 | 1962-06-02 | 11126175408 |
| 788536014799632543 | 貂蝉 | 女      |  30 | 2003-05-14 | 11124638636 |
| 852369741258963214 | 王营 | 男      |  50 | 1973-07-23 | 11198431808 |
| 982536014789632541 | 刘备 | 男      |  62 | 1961-10-20 | 11107582869 |
| 987654321456123789 | 孙权 | 男      |  70 | 1953-05-23 | 11124638630 |
+--------------------------+------+---------+-----+-------------+---------------+
11 rows in set

Query OK, 0 rows affected
```

（2）创建存储过程，根据乘客 id 查询信息并查看。

SQL 语句和执行结果如下：

```
mysql> DELIMITER //
CREATE PROCEDURE show_passenger02(IN id VARCHAR(20))
BEGIN
SELECT * FROM passenger WHERE p_id = id;
```

```
END //
DELIMITER ;
Query OK, 0 rows affected
mysql> call show_passenger02('123698547852369874');
+--------------------+-------+--------+-----+------------+-------------+
| p_id               | name  | genger | age | birthday   | tel         |
+--------------------+-------+--------+-----+------------+-------------+
| 123698547852369874 | 曹操  | 男     |  65 | 1958-05-18 | 11124597177 |
+--------------------+-------+--------+-----+------------+-------------+
1 row in set

Query OK, 0 rows affected
```

（3）创建存储过程，输出乘客中年龄最大值。

SQL 语句和执行结果如下：

```
mysql> DELIMITER //
CREATE PROCEDURE show_passenger03(OUT maxAge DOUBLE)
BEGIN
SELECT MAX(age) INTO maxAge FROM passenger ;
END //
DELIMITER ;
Query OK, 0 rows affected

mysql> CALL show_passenger03(@maxAge);
SELECT @maxAge;
Query OK, 1 row affected

+---------+
| @maxAge |
+---------+
|    70   |
+---------+
1 row in set
```

（4）创建存储过程，根据乘客 id 查询乘客的姓名。

SQL 语句和执行结果如下：

```
mysql> DELIMITER //
CREATE PROCEDURE show_passenger04(IN id VARCHAR(20),OUT p_name VARCHAR(20))
BEGIN
SELECT name INTO p_name FROM passenger WHERE p_id = id;
END //
DELIMITER ;
```

```
Query OK, 0 rows affected

mysql> CALL show_passenger04('123698547852369874',@p_name);
SELECT @p_name;
Query OK, 1 row affected

+------------+
| @p_name |
+------------+
| 曹操       |
+------------+
1 row in set
```

（5）查看创建的存储过程。

SQL 语句和执行结果如下：

```
mysql> SELECT routine_name
FROM information_schema.ROUTINES
WHERE routine_schema='threekingdomsair';
+-------------------------+
| ROUTINE_NAME        |
+-------------------------+
| select_all_orders       |
| show_min_orders         |
| show_passenger01        |
| show_passenger02        |
| show_passenger03        |
| show_passenger04        |
| show_someone_orders |
+-------------------------+
7 rows in set
```

（6）删除创建的 show_passenger02 存储过程。

SQL 语句如下：

```
mysql> DROP PROCEDURE  IF EXISTS show_passenger02;
Query OK, 0 rows affected
```

（7）创建触发器，当删除乘客表中'貂蝉'信息时，删除订单表中关于'貂蝉'的订单。

SQL 语句如下：

```
mysql> DELIMITER //
CREATE TRIGGER before_delete
```

```
BEFORE DELETE ON passenger
FOR EACH ROW
BEGIN
DELETE FROM orders where p_id=(SELECT p_id from passenger WHERE name=' 貂蝉 ' );
END //
DELIMITER ;
Query OK, 0 rows affected
mysql> DELETE FROM passenger WHERE  name=' 貂蝉 ';
Query OK, 1 row affected
```

（8）删除触发器 before_delete。

SQL 语句如下：

```
mysql> DROP TRIGGER IF EXISTS before_delete;
Query OK, 0 rows affected
```

（9）创建存储函数 show_seat，查询航班号为 '9C8643' 的航班的起飞日期。

SQL 语句和执行结果如下：

```
mysql> DELIMITER //
CREATE FUNCTION show_seat()
RETURNS VARCHAR(25)
DETERMINISTIC
CONTAINS SQL
BEGIN
RETURN (SELECT DISTINCT flightDate FROM seat WHERE f_id = '9C8643');
END //
DELIMITER ;
Query OK, 0 rows affected
mysql> SELECT show_seat();
+--------------+
| show_seat() |
+--------------+
| 2022-06-21  |
+--------------+
1 row in set
```

（10）删除存储函数 show_seat。

SQL 语句如下：

```
mysql> DROP FUNCTION  IF EXISTS show_seat;
Query OK, 0 rows affected
```

项目评价

知识掌握情况评分（30 分）				
序号	知识考核点	教师评价	配分	得分
1	存储过程的功能与作用		10	
2	存储函数的功能与作用		10	
3	触发器的功能与作用		10	
任务完成情况评分（70 分）				
序号	操作能力考核点	教师评价	配分	得分
1	存储过程的创建与使用		20	
2	存储函数的创建与使用		20	
3	触发器的创建与使用		30	
违纪扣分（20 分）				
序号	违纪考查点	教师评价	分数	扣分
1	课上吃东西		5	
2	课上打游戏		5	
3	课上打电话		5	
4	其他扰乱课堂秩序的行为		5	

项目小结

- 数据库编程基础：常量、变量、运算符与表达式、系统内置函数。
- 存储过程的创建、调用、查看、修改和删除。
- 触发器的类型、创建和删除。
- 存储函数的创建、使用、查看和删除。
- 事物的特性，启动事物、提交事务、回滚事务的语句。
- 事务的隔离级别。

项目 8

数据库安全

项目概述

如何确保数据库中的数据被合理地访问和修改是系统正常运行的基本。MySQL 提供了有效的数据安全访问机制，可从用户和权限等方面进行数据安全管理。尽管 MySQL 采用了多种措施来保证数据库的安全性和完整性，但硬件故障、软件错误、病毒入侵、误操作等情况仍有可能发生，因此数据备份与恢复也是保证数据安全的重要手段之一。本项目将讲解数据库的安全设置以及数据备份。

素养提升

近年来，数字化技术的发展为社会带来更多便捷和机遇的同时，也带来了越来越严峻的数据安全风险。个人信息尤其是私密信息一旦泄露，很可能被不法分子利用，如实施电信诈骗等，将对个人财产安全构成极大威胁。同学们在学习数据库技术的同时，一定要树立法律意识、道德意识，既要遵守保密协议，也要学会防止他人入侵数据库。

项目目标

知识目标

（1）理解 MySQL 用户与权限管理机制。

（2）掌握 MySQL 数据备份与恢复的常用方法。

技能目标

（1）学会创建和管理用户。

（2）学会授予和回收数据库的权限。

（3）学会数据的备份与恢复。

素质目标

通过本项目的学习，使学生掌握 MySQL 数据库高级管理的基本方法，养成良好的职业道德，发扬慎独精神，避免数据库数据泄露事件的发生。

数据库安全是指允许合法用户的合法访问，拒绝非法用户的访问以及合法用户的非法访问，从而保护数据不被泄露、不被篡改、不被破坏。

除了应做好数据库的数据管理工作之外，安全管理也是很重要的部分，其中的用户权限管理可以有效确保数据的访问安全，防止数据被非必要用户泄露、修改或删除。为此，MySQL 提供了用户管理功能。

任务1 用户管理

用户要访问 MySQL 数据库，首先必须拥有登录 MySQL 服务器的用户名和口令。登录服务器后，MySQL 允许用户在其权限内使用数据库资源。MySQL 的安全系统很灵活，允许以多种方式创建用户和设置用户权限。

MySQL 的用户信息存储在 MySQL 自带的 mysql 数据库的 user 表中。

8.1.1 user 表

【例 8－1】 查看数据表“user”中的已有用户。

在命令提示符后输入以下命令：

```
mysql>select Host,User,authentication_string from user;
```

结果如图 8－1 所示。

```
+-----------+------------------+------------------------------------------------------------------------+
| Host      | User             | authentication_string                                                  |
+-----------+------------------+------------------------------------------------------------------------+
| localhost | mysql.infoschema | $A$005$THISISACOMBINATIONOFINVALIDSALTANDPASSWORDTHATMUSTNEVERBRBEUSED |
| localhost | mysql.session    | $A$005$THISISACOMBINATIONOFINVALIDSALTANDPASSWORDTHATMUSTNEVERBRBEUSED |
| localhost | mysql.sys        | $A$005$THISISACOMBINATIONOFINVALIDSALTANDPASSWORDTHATMUSTNEVERBRBEUSED |
| localhost | root             | *A4B6157319038724E3560894F7F932C8886EBFCF                              |
+-----------+------------------+------------------------------------------------------------------------+
4 rows in set (0.00 sec)
```

图 8－1 数据表“user”中的已有用户

每添加一个 MySQL 用户，“mysql.user”数据表中就会增加一条记录，但是新创建的用户没有任何权限，需要对其进行授权操作。

8－1 MySQL 用户的基本操作

8.1.2 创建新用户

新安装的 MySQL 中只有一个名为 root 的用户。这个用户是安装服务器时由系统创建并赋予 MySQL 的所有权限。在对 MySQL 的实际操作中，通常需要创建不同层次要求的用户来确保数据的安全访问。

CREATE USER 用于创建新的 MySQL 账户。CREATE USER 会在系统本身的 mysql 数据库的 user 表中添加一个新记录。

使用 CREATE USER 语句添加一个或多个用户，并设置相应的密码。

语法格式如下：

```
CREATE USER 用户名 [@ 主机名称 |IP 地址 ] [IDENTIFIED BY [ Random PASSWORD] |[' 密码 ']]
```

语法说明如下：

- 使用 CREATE USER 语句可以同时创建多个用户，各用户之间用半角逗号分隔。
- 主机名称是指用户连接 MySQL 时所用主机的名字。如果在创建过程中没有指定主机名称，那么主机名称默认为“%”，表示一组主机，即对所有主机开放权限。

- 主机名称也可以使用 IP 地址。如果是本机，则使用 localhost，IP 地址为 127.0.0.1。如果对所有主机开放权限，允许任何用户从远程主机登录服务器，可以使用通配符“%”。
- “@”和后面的主机名称之间不能有空格，否则用户创建不成功。
- IDENTIFIED BY 关键字用于设置用户的密码。密码需要使用英文半角状态下的单引号引起来。新用户可以没有初始密码，如果用户登录不需要密码也可以省略该选项。
- 如果使用了 IDENTIFIED BY [Random PASSWORD]，那么 MySQL 会生成一个明文形式的随机密码。

使用 CREATE USER 语句创建新用户时，必须拥有 MySQL 数据库的全局 CREATE USER 权限或 INSERT 权限。如果用户已经存在，就会出现错误提示信息。

【例 8－2】 创建新用户，账号只能本地登录。

SQL 语句和执行结果如下：

```
mysql> Create user 'zhang'@'localhost' identified by 'zhang123';
Query OK, 0 rows affected (0.01 sec)
mysql> exit;
Bye
C:\Program Files\MySQL\MySQL Server 5.6\bin>mysql -uzhang -p
Enter password: ********
Welcome to the MySQL monitor.  Commands end with ; or \g.
Your MySQL connection id is 16
Server version: 8.0.32 MySQL Community Server - GPL
Copyright (c) 2000, 2015, Oracle and/or its affiliates. All rights reserved.
Oracle is a registered trademark of Oracle Corporation and/or its
affiliates. Other names may be trademarks of their respective
owners.
Type 'help;' or '\h' for help. Type '\c' to clear the current input statement.
```

【例 8－3】 创建新用户，账号可以从任意主机登录。“例 8－2”和“例 8－3”的登录区别如图 8－2 所示。

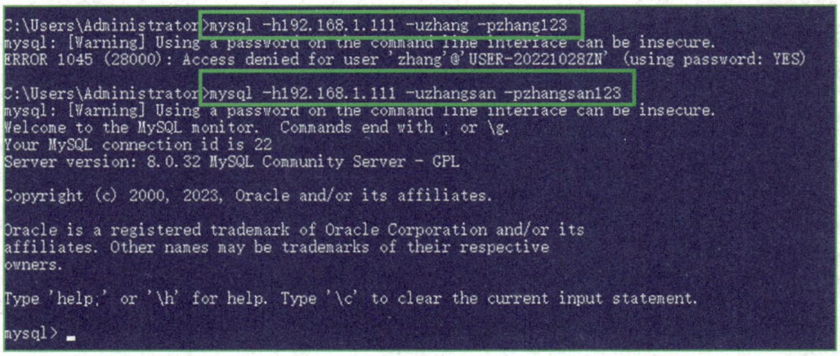

图 8－2 “例 8－2”和“例 8－3”的登录区别（本机地址自行更换）

SQL 语句和执行结果如下：

```
mysql> Create user 'zhangsan'@'%' identified by 'zhangsan123';
```

```
Query OK, 0 rows affected (0.02 sec)
C:\Program Files\MySQL\mysql-8.0.32-winx64\bin>mysql -uzhangsan -p
Enter password: ***********
Welcome to the MySQL monitor.  Commands end with ; or \g.
Your MySQL connection id is 16
Server version: 8.0.32 MySQL Community Server - GPL
Copyright (c) 2000, 2023, Oracle and/or its affiliates.
Oracle is a registered trademark of Oracle Corporation and/or its
affiliates. Other names may be trademarks of their respective
owners.
Type 'help;' or '\h' for help. Type '\c' to clear the current input statement.
```

8.1.3 删除普通用户

1. 使用 DROP USER 语句

操作者必需拥有“DROP USER”权限。

语法格式如下：

```
DROP USER 用户名 1[@ 主机名称 |IP 地址 ] [, 用户名 2[@ 主机名称 |IP 地址 ]]…
```

语法说明如下：

- 要使用 DROP USER，必须拥有 MySQL 数据库的全局 CREATE USER 权限或 DELETE 权限。
- DROP USER 语句用于删除一个或多个普通用户，多个用户之间用英文半角逗号分隔。

【例 8－4】 删除“zhang”用户。

SQL 语句如下：

```
Drop user zhang@localhost;
```

2. 使用 DELETE 语句

语法格式如下：

```
DELETE FROM mysql.user WHERE User=' 用户名 ' AND Host=' 主机 ';
```

语法说明如下：

- 使用 DELETE 语句删除用户时，操作者必须拥有“mysql.user”的 DELETE 权限。
- 用户名与主机必须使用单引号括起来。User 和 Host 是 mysql.user 表中的主键，这两个字段的值组合起来可以唯一确定一条记录。

8.1.4 修改用户信息

1. 使用 alter user 语句修改用户的密码

语法格式如下：

```
Alter user 用户名 @ 主机名称 identified by ‘新密码’；
```

【例 8－5】 修改用户“zhangsan”的密码。

SQL 语句如下：

```
Alter user user() identified by 'sa';
```

其中，user() 表示当前用户，单引号引起来的部分是新密码，如果提示密码太短，可以用 sasa 作为新密码。

2. 使用 SET PASSWORD 语句修改用户的密码

语法格式如下：

```
SET PASSWORD [FOR 用户名 @ 主机 ]=' 新密码 ';
```

语法说明如下：

- SET PASSWORD 语句可以修改用户的密码。语句中如果不加“[FOR 用户名 @ 主机]”选项则修改当前用户密码。

3. 设置密码过期策略

密码过期策略是指一个密码达到使用期限后将会过期，需要重新设置密码才能继续使用。

语法格式如下：

```
Alter user 用户名 @ 主机名称 password expire never|password expire interval 30 day|password expire default;
```

语法说明如下：

- password expire never 可选项用于设置密码永不过期。
- password expire interval 30 day 可选项用于设置密码 30 天过期。
- password expire default 可选项用于设置密码使用默认的密码过期全局策略。

【例 8－6】 设置密码过期策略，指定‘zhangsan’@'localhost' 的密码 30 天过期。

SQL 语句如下：

```
Alter user 'zhangsan'@'localhost' password expire interval 30 day;
```

【例 8－7】 设置密码过期策略，指定“zhangsan”用户账号的密码永不过期。

SQL 语句如下：

```
Alter user 'zhangsan'@'localhost' password expire never;
```

【例 8－8】 设置密码过期策略，指定“zhangsan”用户账号使用默认的密码过期全局策略。

SQL 语句如下：

```
Alter user 'zhangsan'@'localhost' password expire default;
```

4. 锁定或解锁用户

锁定用户是指不允许指定的用户账号登录，直到解锁该用户。

语法格式如下：

```
Alter user 用户名 @ 主机名称 account lock|account unlock;
```

【例 8－9】 锁定用户。

SQL 语句如下：

```
Alter user 'zhangsan'@'localhost' account lock;
```

【例 8－10】 解锁指定用户。

SQL 语句如下：

```
Alter user 'zhangsan'@'localhost' account unlock;
```

5. 修改用户的名称

在 MySQL 中，可以使用 RENAME USER 语句修改用户的名称。

语法格式如下：

```
RENAME USER 旧用户名 TO 新用户名 [, 旧用户名 TO 旧用户名 ][,…]
```

语法说明如下：

- 要使用 RENAME USER 语句，必须拥有 CREATE USER 权限或 mysql 数据库的 UPDATE 权限。
- 旧用户名和新用户名的格式为用户名称 @ 主机名。如果旧名称不存在或者新名称已经存在，则会出现错误。

任务 2 权限管理

任何权限都必须有明确的授权，否则就是没有权限。

新添加的数据库用户不允许访问其他用户的数据库，也不能创建自己的数据库，只有在授予了相应的权限以后才能访问或创建数据库。为满足 MySQL 服务器的安全，需要考虑以下内容：

（1）多数用户只需要对数据表进行读、写操作，只有少数用户需要创建、删除数据表的权限。

（2）某些用户需要读、写数据而不需要修改数据。

（3）某些用户可以添加数据而不允许删除数据。

（4）管理员需要有管理用户的权力，其他用户则不需要。

（5）某些用户允许通过存储过程来访问数据而不允许直接访问数据表。

MySQL 权限表的验证过程如下：

（1）先通过 user 表中的 host 和 user 两个字段判断连接的 IP 和用户名是否存在，存在则通过验证。对于身份认证，MySQL 是通过 IP 地址和用户名联合进行的。例如，MySQL 安装后默认创建的用户 root@localhost 表示用户 root 只能从本地（localhost）进行连接才可以通过认证，从其他任何主机对数据库进行的连接都将被拒绝。也就是说，同一个用户，如果来自不同的 IP 地址，则 MySQL 将其视为不同的用户。

（2）通过身份认证后，进行权限分配，按照 user，db，tables_priv，columns_priv 的

顺序进行验证。即先检查全局权限表 user，如果 user 中对应的权限为 Y，则此用户对所有数据库的权限都为 Y，将不再检查 db，tables_priv 和 columns_priv；如果为 N，则到 db 表中检查此用户对应的具体数据库，并得到 db 中为 Y 的权限；如果 db 中为 N，则检查 tables_priv 中此数据库对应的具体表，取得表中为 Y 的权限，以此类推。

8.2.1 MySQL 的各种权限

MySQL 通过权限表来控制用户对数据库的访问，MySQL 数据库在安装时会自动安装多个数据库。MySQL 的权限信息被存储在 mysql 数据库的 user、db、tables_priv、columns_priv 和 procs_priv 数据表中。MySQL 启动时，服务器会将这些权限信息的内容读入内存。MySQL 权限表见表 8－1。

表 8－1　MySQL 权限表

权限	权限级别	权限说明
Create	数据库、表或索引	创建数据库、数据表或索引权限
Drop	数据库、表或视图	删除数据库、数据表或视图权限
Grant option	数据库、表或保存的程序	赋予权限选项
References	数据表	创建数据表的外键
alter	表	修改表，如添加字段、索引等
delete	表	删除数据权限
index	表	索引权限
insert	表、视图	插入权限
select	表、视图	查询权限
update	表、视图	更新权限
Create view	视图	创建视图权限
Show view	视图	查看视图权限
Alter routine	存储过程、函数	更改存储过程或函数权限
Create routine	存储过程、函数	创建存储过程或函数权限
execute	存储过程、函数	执行存储过程或函数权限
file	服务器主机上的文件访问	文件访问权限
Create temporary tables	服务器管理	创建临时表权限
Lock tables	服务器管理	锁表权限
Create user	服务器管理	创建用户权限
process	服务器管理	查看进程权限
reload	服务器管理	执行服务器命令权限
Replication client	服务器管理	复制权限
Replication Slave	服务器管理	复制权限
Show databases	服务器管理	查看数据库权限
shutdown	服务器管理	关闭数据库权限
super	服务器管理	执行 kill 线程权限

通过权限设置，用户可以拥有不同的权限。拥有 Grant 权限的用户可以为其他用户设置权限，拥有 Revoke 权限的用户可以收回自己设置的权限。合理地设置权限能够保证 MySQL 数据库的安全。

8.2.2 权限查询

在 MySQL 中，用户的权限存储在 mysql.user 表中，可以使用 SELECT 语句查询 user 表中的用户权限，也可以使用 SHOW GRANT 语句查看用户的权限。

1. 使用 SELECT 语句查询 mysql.user 数据表中用户的权限

语法格式如下：

```
SELECT 权限字段 from mysql.user [where User=' 用户名 ' and  Host=' 主机名称 '];
```

语法说明如下：

- 权限字段指 select_priv、insert_priv、update_priv、delete_priv、create_priv、drop_priv 等字段。

2. 使用 SHOW GRANT 语句查看用户的权限

语法格式如下：

```
SHOW GRANTS FOR 用户名称 @ 主机名称 |IP 地址 ;
```

【例 8－11】 权限查询。

```
SHOW GRANTS FOR ‘zhangsan’ @ ‘localhost’ ;
```

8.2.3 权限授予

新的 SQL 用户不允许访问属于其他 SQL 用户的表，也不能立即创建自己的表，除非被授权，可以授予的权限有以下几组：

（1）列权限：和表中的一个具体列相关。例如，使用 UPDATE 语句更新表 Book 的书号列值的权限。

（2）表权限：和一个具体表中的所有数据相关。例如，使用 SELECT 语句查询表 Book 中所有数据的权限。

（3）数据库权限：和一个具体的数据库中的所有表相关。例如，在已有的 Bookstore 数据库中创建新表的权限。

（4）用户权限：和 MySQL 所有的数据库相关。例如，删除已有的数据库或者创建一个新数据库的权限。

可以使用 GRANT 语句给某用户授予权限。

语法格式如下：

```
GRANT 权限 1[( 列名列表 1)][, 权限 2[( 列名列表 2)]]…
  ON [ 目标 |{ 表名 |*|*.*| 库名 .* }
  TO 用户 1 [IDENTIFIED BY [PASSWORD] ' 密码 1' ]
    [, 用户 2 [IDENTIFIED BY [PASSWORD] ' 密码 2']]…
  [WITH 权限限制 1[ 权限限制 2]…]
```

语法说明如下：

- 权限。权限的名称，如 SELECT、UPDATE 等，给不同的对象授予权限时值也不相同。
- ON 关键字后面给出的是要授予权限的数据库或表名。目标可以是 TABLE、FUNCTION 或 PROCEDURE。
- TO 子句用来设定用户和密码。
- WITH 权限限制。如果指定权限限制为 GRANT OPTION，则表示 TO 子句中指定的所有用户都有把自己拥有的权限授予其他用户的权力，而不管其他用户是否拥有该权限。
- WITH 子句后的权限限制也可以对一个用户授予使用限制，其中，MAX_QUERIES_PER_HOUR 次数表示每小时可以查询数据库的次数；MAX_CONNECTIONS_PER_HOUR 次数表示每小时可以连接数据库的次数；MAX_UPDATES_PER_HOUR 次数表示每小时可以修改数据库的次数，如授予某用户每小时可以查询数据库多少次。

MAX_USER_CONNECTIONS 次数表示同时连接 MySQL 的最大用户数。

次数是一个数值，对于前 3 个权限限制指定，次数如果为 0 则表示不起限制作用。

1. 授予表权限

授予表权限时，权限可以是以下值：

（1）SELECT：授予用户使用 SELECT 语句访问特定表的权力。用户也可以在一个视图中包含表。然而，用户必须对视图中指定的每个表（或视图）都有 SELECT 权限。

（2）INSERT：授予用户使用 INSERT 语句向一个特定表中添加行的权力。

（3）DELETE：授予用户使用 DELETE 语句向一个特定表中删除行的权力。

（4）UPDATE：授予用户使用 UPDATE 语句修改特定表中值的权力。

（5）REFERENCES：授予用户创建一个外键来参照特定的表的权力。

（6）CREATE：授予用户使用特定的名字创建一个表的权力。

（7）ALTER：授予用户使用 ALTER TABLE 语句修改表的权力。

（8）INDEX：授予用户在表上定义索引的权力。

（9）DROP：授予用户删除表的权力。

（10）ALL 或 ALL PRIVILEGES：表示所有权限。

在授予表权限时，ON 关键字后面跟表名，指定授予权限的为表名或视图名。

2. 授予列权限

对于列权限，权限的值只能取 SELECT、INSERT 和 UPDATE。权限的后面需要加上列名列表。

3. 授予数据库权限

表权限仅适用于一个特定的表，MySQL 还支持针对整个数据库的权限。例如，在一个特定的数据库中创建表和视图的权限。

授予数据库权限时，权限可以是以下值：

（1）SELECT：授予用户使用 SELECT 语句访问特定数据库中所有表和视图的权力。

（2）INSERT：授予用户使用 INSERT 语句向特定数据库所有表中添加行的权力。

（3）DELETE：授予用户使用 DELETE 语句在特定数据库所有表中删除行的权力。

（4）UPDATE：授予用户使用 UPDATE 语句更新特定数据库所有表中的值的权力。

（5）REFERENCES：授予用户创建指向特定数据库中的表外键的权力。

（6）CREATE：授予用户使用 CREATE TABLE 语句在特定数据库中创建新表的权力。

（7）ALTER：授予用户使用 ALTER TABLE 语句修改特定数据库中所有表的权力。

（8）INDEX：授予用户在特定数据库中的所有表上定义和删除索引的权力。

（9）DROP：授予用户删除特定数据库中所有表和视图的权力。

（10）CREATE TEMPORARY TABLES：授予用户在特定数据库中创建临时表的权力。

（11）CREATE VIEW：授予用户在特定数据库中创建新视图的权力。

（12）SHOW VIEW：授予用户查看特定数据库中已有视图的视图定义的权力。

（13）CREATE ROUTINE：授予用户为特定数据库创建存储过程和存储函数的权力。

（14）ALTER ROUTINE：授予用户更新和删除数据库中已有存储过程和存储函数的权力。

（15）EXECUTE ROUTINE：授予用户调用特定数据库的存储过程和存储函数的权力。

（16）LOCK TABLES：授予用户锁定特定数据库中已有表的权力。

（17）ALL 或 ALL PRIVILEGES：表示以上所有权限。

在 GRANT 语法格式中，授予数据库权限时 ON 关键字后面跟“*”和“库名.*”。“*”表示当前数据库中的所有表；“库名.*”表示某个数据库中的所有表。

4. 授予用户权限

最有效率的权限就是用户权限，可以将授予数据库的权限直接授予用户，使用户获得对服务器上所有数据库的该权限。例如，在用户级别上授予某用户 CREATE 权限后，该用户就可以创建一个新的数据库，也可以在所有的数据库（而不是特定的数据库）中创建新表。

MySQL 授予用户权限时，权限还可以是以下值：

（1）CREATE USER：授予用户创建和删除新用户的权力。

（2）SHOW DATABASES：授予用户使用 SHOW DATABASES 语句查看所有已有数据库的定义的权利。

在 GRANT 语法格式中，授予用户权限时 ON 子句中使用“*.*”，表示所有数据库的所有表。

【例 8－12】 授予用户 zhangsan@% 对数据库 threekingdomsair 所有表进行 SELECT、INSERT、UPDATE 和 DELETE 的权限。

```
GRANT SELECT,INSERT,UPDATE,DELETE ON threekingdomsair. * TO 'zhangsan'@'%';
```

8.2.4 权限回收

在 MySQL 中，为了保证数据库的安全性，需要将用户不必要的权限回收。要从一个用户回收权限，但不从 mysql 数据库的 user 表中删除该用户，可以使用 REVOKE 语句，该语句可以回收用户的权限，和 GRANT 语句的语法格式相似。要使用 REVOKE 语句，用户必须拥有 mysql 数据库的全局 CREATE USER 权限或 UPDATE 权限。回收权限时可以回收部分权限，也可以回收全部权限。

语法格式如下：

```
REVOKE 权限 1[( 列名列表 1)][, 权限 2[( 列名列表 2)]]...
  ON { 表名 |*|*.*| 库名 .* }
  FROM 用户 1[, 用户 2]...
```

或者：

```
REVOKE ALL PRIVILEGES,GRANT OPTION FROM 用户 1[, 用户 2]…
```

语法说明如下：

- 第 1 种格式用于回收用户的某些特定权限，第 2 种格式用于回收用户的所有权限。
- REVOKE 语句的其他语法含义与 GRANT 语句相同。

【例 8－13】 权限回收。

```
REVOKE EXECUTE ON PROCEDURE threekingdomsair. spGetgdNames FROM ‘zhangsan’ @ ‘localhost’ ;
```

任务 3 数据的备份与恢复

8.3.1 数据库的备份

使用 mysqldump 命令备份 MySQL 的数据。

mysqldump 命令可以将数据库中的数据备份为一个文本文件，数据表的结构和数据将存储在生成的文本文件中。该文件实际上包含了多个 CREATE 和 INSERT 语句，使用这些语句可以重新创建数据表和插入数据。

mysqldump 命令需要在命令行工具中运行。以管理员身份运行 cmd 命令打开 Windows 命令行工具，然后切换到 mysqldump 命令所在目录。使用 mysqldump 命令备份数据库时，直接在 DOS 命令行窗口执行该命令即可，不需要登录 MySQL 数据库。

1. 备份单个数据库中所有的数据表

语法格式如下：

```
mysqldump -u 用户名 -p[ 密码 ][--databases] 备份数据库名称 > 备份路径 \ 备份文件名
```

语法说明如下：

- 用户名。必选项，备份数据的用户名。
- 密码。可选项，备份数据的用户名对应的密码，如果命令中不输入密码，系统会在执行命令的过程中提示用户输入。
- 备份文件名。必选项，可以指定其扩展名为 .sql，也可以指定为其他扩展名，如 .txt，其中存储的是一些可执行的 SQL 语句。如果备份文件前没有指定存储路径，则备份文件默认存储在 MySQL 的 bin 文件夹中。也可以在文件名前加一个绝对路径，指定备份文件的存储位置。
- 参数 --databases 为可选项，备份多个数据库时需要使用，备份单个数据库时可以省略。

● 上述命令中一定不能有“;”。

2. 备份单个数据库中指定的数据表

语法格式如下：

```
mysqldump -u 用户名 -p[ 密码 ] [--databases] 备份数据库名称 数据库表名称 > 备份路径 \ 备份文件名
```

3. 备份多个数据库

语法格式如下：

```
mysqldump -u 用户名 -p[ 密码 ] --databases 备份数据库名称 1 备份数据库名称 2...> 备份路径 \ 备份文件名
```

多个数据库名称之间使用空格分隔。备份完成后，备份文件中将会存储多个数据库信息。

4. 备份所有的数据库

语法格式如下：

```
mysqldump -u 用户名 -p[ 密码 ] --all-databases > 备份路径 \ 备份文件名
```

当使用参数 --all-databases 备份所有的数据库时，不需要指定数据库名称。备份完成后，备份文件中将会存储全部数据库的信息。

【例 8－14】 数据库的备份。

步骤一：备份数据库 threekingdomsair。

```
MYSQLDUMP -uroot -hlocalhost -p123456 --default-character-set=utf8mb3 threekingdomsair>D:/bak/
threekingdomsairDB.sql
```

步骤二：删除数据库 threekingdomsair，模拟数据丢失。

```
mysql> DROP DATABASE threekingdomsair;
Query OK, 5 rows affected (0.03 sec)
```

8.3.2 数据库的恢复

使用 mysqldump 命令备份数据库后，如果数据库中的数据被破坏，可以通过恢复已经备份的数据来减少损失。备份的 .sql 文件中包含的是可以执行的 SQL 语句，因此只需使用 mysql 命令执行这些语句就可以将数据恢复。

使用 mysql 命令恢复数据的语法格式如下：

```
mysql -u 用户名 -p[ 密码 ] [ 数据库名称 ]< 备份路径 \ 备份文件名
```

语法说明如下：

● 用户名。必选项，恢复数据的用户名。

● 密码。可选项，恢复数据的用户名对应的密码，如果命令中不输入密码，则会在执行命令的过程中提示用户输入。

● 数据库名称。可选项，说明要恢复的数据库名称。如果指定了数据库名称，则表示恢复该数据库中的数据表；如果不指定数据库名称，则表示恢复特定的数据库，备份文件中有创建数据库的语句。如果使用参数 --all-databases 备份了所有的数据库，那么恢复时不需要指定数据库。对应的备份文件包含创建数据库的语句，可以通过相关语句来创建数据库。

● 备份路径 \ 备份文件名。必选项，从该备份文件恢复数据。

【例 8 - 15】 数据库的恢复。

进行数据库恢复时，在恢复数据之前必须创建数据库（可以打开备份文件，如 threekingdomsairDB.sql，备份文件中包含数据库的名称）。

步骤一：创建数据库。

SQL 语句如下：

```
mysql> CREATE DATABASE threekingdomsair;
Query OK, 1 row affected (0.01 sec)
```

步骤二：还原数据库中的数据（不需要登录 MySQL）。

SQL 语句如下：

```
C:\Users\Administrator>mysql -uroot  -p threekingdomsair<D:/bak/threekingdomsairDB.sql
Enter password: ******
```

步骤三：登录 MySQL。

SQL 语句和执行结果如下：

```
mysql> use threekingdomsair
Database changed
mysql> select * from passenger;
+--------------------+------+--------+-----+------------+-------------+
| p_id               | name | genger | age | birthday   | tel         |
+--------------------+------+--------+-----+------------+-------------+
| 123698547852369874 | 曹操 | 男     |  65 | 1958-05-18 | 11124597177 |
| 156487953214789632 | 关羽 | 男     |  58 | 1965-06-25 | 11159595188 |
| 321654987456987123 | 周瑜 | 男     |  35 | 1988-08-17 | 11196439458 |
| 369874125896547123 | 张飞 | 男     |  54 | 1969-06-14 | 11113914658 |
| 456987123654789321 | 曹丕 | 男     |  39 | 1984-08-27 | 11146104787 |
| 741258963214785369 | 朱隽 | 女     |  18 | 2005-02-20 | 11183817054 |
| 785463219874563214 | 赵云 | 男     |  61 | 1962-06-02 | 11126175408 |
| 852369741258963214 | 王营 | 男     |  50 | 1973-07-23 | 11198431808 |
| 982536014789632541 | 刘备 | 男     |  62 | 1961-10-20 | 11107582869 |
| 987654321456123789 | 孙权 | 男     |  70 | 1953-05-23 | 11124638630 |
+--------------------+------+--------+-----+------------+-------------+
10 rows in set (0.00 sec)
```

以上恢复方式只是其中的一种，还可以登录 mysql 数据库，使用 source 命令还原数据。语法格式如下：

```
source 文件路径 / 文件名 .sql
```

source 命令的语法格式比较简单，只需要在导入文件时指定文件名为全路径名称即可。该语句的执行效果和在命令行执行 MySQL 命令是一样的。

项目实践

1. 实践目标

（1）掌握创建和管理数据库用户的方法。

（2）掌握权限的授予与收回的方法。

（3）掌握数据库备份与恢复的方法。

2. 实践内容

使用航空售票系统数据库 threekingdomsair，完成以下操作。

（1）查询数据库所有用户信息。

（2）创建 lisi 和 wangwu 这两个用户，密码均为 123456。

（3）修改用户 lisi 的密码为 sasa。

（4）删除用户 lisi。

（5）指定 wangwu 用户账号的密码永不过期。

（6）指定用户 wangwu 账号使用默认的密码过期全局策略。

（7）指定用户 wangwu 的密码 30 天过期。

（8）锁定用户 wangwu，即不允许指定的用户账号登录。

（9）备份数据库 threekingdomsair。

（10）删除数据库 threekingdomsair 并还原备份，查询还原后的数据库中的 user 表。

8－2　项目实践解决方案

项目评价

知识掌握情况评分（30 分）				
序号	知识考核点	教师评价	配分	得分
1	创建和管理数据库用户的方法		10	
2	权限的授予与收回的方法		10	
3	数据库备份与恢复的方法		10	
任务完成情况评分（70 分）				
序号	操作能力考核点	教师评价	配分	得分
1	用户管理		40	
2	数据备份和恢复		30	
违纪扣分（20 分）				
序号	违纪考查点	教师评价	分数	扣分
1	课上吃东西		5	
2	课上打游戏		5	
3	课上打电话		5	
4	其他扰乱课堂秩序的行为		5	

项目小结

- 用户管理：包括 user 表管理、创建新用户、修改用户信息、删除普通用户。
- 权限管理：包括对 MySQL 中的各种权限的管理、权限查询、权限授予和权限回收。
- 数据库的备份：数据库的备份包括备份单个数据库中所有的数据表，备份单个数据库中指定的数据表，备份多个数据库，备份所有的数据库。
- 恢复数据库的方式：使用 mysql 命令、使用 source 命令。
- 为保证数据库中数据的安全，要经常进行数据库的备份。数据库遭到破坏后，可以使用备份来恢复数据。

新编21世纪高等职业教育精品教材 电子与信息类

- ○ 计算机应用基础
- ○ 大学计算机基础
- ○ 现代办公自动化项目教程（Windows10+Office 2019）
- ○ C语言程序设计实例教程（第三版）
- ○ JSP动态网站设计项目教程（第二版）
- ○ Java程序设计项目教程（第二版）
- ○ Java语言程序设计基础教程
- ○ Python程序设计案例教程
- ○ Python程序设计
- ○ Windows Server操作系统维护与管理项目教程（第三版）
- ○ Linux操作系统管理
- ○ Linux操作系统应用实战
- ● 数据库应用实战教程（MySQL版）
- ○ SQL Server数据库
- ○ 数据库应用技术
- ○ 数据库应用技术项目化教程
- ○ 计算机网络技术基础
- ○ HTML5+CSS3网页设计基础教程
- ○ 中文版Photoshop设计与制作项目教程（第三版）
- ○ Premiere Pro CC非线性编辑项目教程
- ○ 二维动画制作
- ○ Axure原型设计基础
- ○ Animate动画设计与制作项目教程
- ○ Illustrator平面设计与制作项目教程
- ○ 构成与应用

本书配备教学资源，请登录中国人民大学出版社官网（www.crup.com.cn）免费下载。

策划编辑 苏昌盛
责任编辑 苏昌盛
封面设计

教师咨询

ISBN 978-7-300-32287-2

定价：49.50元

新编21世纪高等职业教育精品教材　电子与信息类

《数据库应用实战教程（MySQL版）》

工作手册

主编/赵　丽　刘　芳　杨俊叶

中国人民大学出版社

新编21世纪高等职业教育精品教材 电子与信息类

《数据库应用实战教程（MySQL版）》

工作手册

主　编／赵　丽　刘　芳　杨俊叶

副主编／田雪琴　王　丽　宋子哲　刘　佳

参　编／王　娟　梁　琨　侯增起　杨晓宇

宿　佩　张　越　蒲龙君

中国人民大学出版社

· 北京 ·

目录

实训 1

搭建数据库环境

一、实训目的

（1）掌握 MySQL 数据库的安装与配置方法。
（2）掌握 MySQL 图形界面管理工具的安装方法。
（3）学会使用命令方式及图形界面管理工具连接和断开服务器。

二、实训设备

硬件环境：计算机
软件环境：Windows 操作系统、MySQL 数据库软件

三、实训内容

（1）访问 MySQL 官网，下载并安装 MySQL 服务器。
（2）利用配置向导完成 MySQL 服务器配置。
（3）使用 net 命令启动和关闭 MySQL 服务器。
（4）访问 Navicat 官网，下载并安装 Navicat 软件。
（5）分别通过命令行和 Navicat 登录和退出 MySQL 服务器。
（6）使用 SHOW 语句查看 MySQL 的字符集变量。

四、实训总结

撰写实训报告，要求操作规范、内容完整、表述科学，注意总结知识点、技能点并详细记录和分析实训结果。

五、实训评价

表 1　实训 1 考核评价标准

项目名称	考核点	考核方式	评价标准			
			优	良	及格	不及格
搭建数据库环境	正确安装并配置数据库环境	实训报告	能够正确独立完成本实训	在独立完成本实训的过程中，存在一些错误或未完成的部分	在教师指导下完成本实训的过程中，存在较多错误或未完成的部分	未完成本实训

六、思考题

1. SQL 语言有哪些特点？
2. 数据库、数据库管理系统、数据库系统之间的关系是怎样的？

实训 2

管理数据库和表

一、实训目的

（1）学会使用命令行方式和图形界面管理工具创建数据库及表。
（2）学会使用命令行方式和图形界面管理工具修改数据库及表。
（3）学会使用命令行方式和图形界面管理工具删除数据库及表。

二、实训设备

硬件环境：计算机
软件环境：Windows 操作系统、MySQL 数据库软件

三、实训内容

（1）创建“外卖订单系统（takeawayorders）”数据库（数据库中表的结构详见附录 A）。

（2）在外卖订单系统中创建“菜品表(dish)”数据表，字段包括菜品 id（dishID），类型为 int；菜品名字（dName），类型为 varchar；单价（unitPrice），类型为 decimal；餐馆 id（r_ID），类型为 int；设置 dishID 为主键自增。

（3）在外卖订单系统中创建“订单表(order)”数据表，字段包括订单 id（orderID），类型为 int；用户 id（userID），类型为 int；总额（amount），类型为 decimal(8,2)；订单日期（orderTime），类型为 datetime；交货时间（deliveryTime），类型为 datetime；设置 orderID 为主键自增。

（4）在外卖订单系统中创建“订单详细信息表(orderdetail)”数据表，字段包括订单详细信息 id（odID），类型为 int；订单 id（orderID），类型为 int；菜品 id（dishID），类型为 int；数量（quantity），类型为 int；订单状态（orderStatus），类型为 varchar；设置 odID 为主键自增。

（5）在外卖订单系统中创建“餐馆信息表(restaurant)”数据表，字段包括餐馆 id

（r_ID），类型为 int；餐馆名字（rName），类型为 varchar；地点（site），类型为 varchar；设置 r_ID 为主键自增。

（6）在外卖订单系统中创建“用户信息表 (user)”数据表，字段包括用户 id（userID），类型为 int；姓名（name），类型为 varchar；密码（pwd），类型为 varchar；电话（tel），类型为 varchar；地址（address），类型为 varchar；设置 userID 为主键自增。

四、实训总结

撰写实训报告，要求操作规范、内容完整、表述科学，注意总结知识点、技能点并详细记录和分析实训结果。

五、实训评价

表 2　实训 2 考核评价标准

项目名称	考核点	考核方式	评价标准			
			优	良	及格	不及格
管理数据库和表	创建、修改、删除数据库和表	实训报告	能够正确独立完成本实训	在独立完成本实训的过程中，存在一些错误或未完成的部分	在教师指导下完成本实训的过程中，存在较多错误或未完成的部分	未完成本实训

六、思考题

1. 创建、查看、修改、删除数据库的语句是什么？
2. 创建、查看、修改、删除数据库表的语句是什么？

实训 3

操作数据记录

一、实训目的

（1）学会使用 SQL 命令进行数据的录入、修改和删除操作。

（2）学会使用 MySQL 图形界面管理工具进行数据的录入、修改和删除操作。

二、实训设备

硬件环境：计算机

软件环境：Windows 操作系统、MySQL 数据库软件

三、实训内容

使用外卖订单系统（takeawayorders）数据库完成以下操作：

（1）在“菜品表（dish）”数据表中插入 5 条数据（自定义数据记录内容）。

（2）在“餐馆表（restaurant）”数据表中插入 5 条数据（自定义数据记录内容）。

（3）在“用户表（user）”数据表中插入 5 条数据（自定义数据记录内容）。

（4）在“订单表（orders）”数据表中插入 5 条数据（自定义数据记录内容）。

（5）在“订单详情表（ordersdetail）”数据表中插入 5 条数据（自定义数据记录内容）。

（6）修改“菜品表（dish）”数据表中的菜品名称和价格。

（7）修改“餐馆表（restaurant）”数据表中的餐馆地址。

（8）在“用户表（user）”数据表中根据第一条数据 userID 来修改用户的电话和地址。

（9）将“订单表（orders）”数据表中的价格 43.66 修改为 44。

（10）将“订单详情表（ordersdetail）”数据表中订单 id 为 1 的订单状态修改为配送中。

（11）删除“菜品表（dish）”数据表中菜品名为冷盘酱鸡的数据。

（12）删除“订单表（orders）”数据表中 userID 为 4 的数据。

（13）删除“订单详情表（ordersdetail）”数据表中 ordersID 为 2 的数据。

（14）删除“餐馆表（restaurant）”数据表中餐馆名为豫州饭局的数据。

（15）删除“用户表（user）”数据表中姓名为曹丕、刘备、赵云的数据。

四、实训总结

撰写实训报告，要求操作规范、内容完整、表述科学，注意总结知识点、技能点并详细记录和分析实训结果。

五、实训评价

表 3　实训 3 考核评价标准

项目名称	考核点	考核方式	评价标准			
			优	良	及格	不及格
操作数据记录	插入、修改、删除数据记录	实训报告	能够正确独立完成本实训	在独立完成本实训的过程中，存在一些错误或未完成的部分	在教师指导下完成本实训的过程中，存在较多错误或未完成的部分	未完成本实训

六、思考题

1. 数据表中自增约束的字段如何赋值？
2. 执行 DELETE 语句后，表结构是否被删除？

实训 4

使用数据查询

一、实训目的

（1）掌握 SELECT 语句的基本用法。
（2）掌握条件查询的基本方法。
（3）掌握多表查询的基本方法。
（4）掌握数据表的统计与排序的基本方法。

二、实训设备

硬件环境：计算机
软件环境：Windows 操作系统、MySQL 数据库软件

三、实训内容

使用外卖订单系统（takeawayorders）数据库完成以下操作：
（1）查询 dish 表中的菜品 id 和菜品名称。
（2）查询 orderdetail 表中的订单状态，要求不重复。
（3）查询 dish 表中的所有信息。
（4）查询 orderdetail 表的前 3 行信息。
（5）查询 orderdetail 表中从第 2 行开始的 4 行数据。
（6）查询 dish 表中的菜品名称和价格，并将结果中的列标题分别指定为菜品名称和价格。
（7）查询 dish 表中菜品价格大于 20 的菜品信息。
（8）查询用户的姓名、订单的 id 和订单日期。
（9）查询 orders 表中交货时间尚不确定的信息。
（10）查询 orders 表中交货时间已确定的信息。
（11）查询 dish 表中价格范围 20 ～ 30 的菜品。
（12）查询 dish 表中价格在 20 元以下、30 元以上的菜品。
（13）查询 dish 表中价格在 50 元以上的菜品的详细信息。
（14）查询 dish 表中餐馆号为 2 或 4 的菜品信息。
（15）查询 dish 表中餐馆号不是 2 或 4 的菜品信息。

（16）在 orderdetail 表中按照数量降序排列。
（17）在 order 表中按照总额升序排列。
（18）查询 orders 表中交货时间不为空的订单信息。
（19）查询 dish 表中菜品的总数。
（20）查询 dish 表中单价在 25 元以上的菜品总数。
（21）查询 dish 表中餐馆是“兖州饭小厨”的菜品总价格。
（22）查询 dish 表中餐馆是“兖州饭小厨”的菜品最低价格。
（23）查询 dish 表中餐馆是“兖州饭小厨”的菜品最高价格。
（24）查询 dish 表中餐馆是“兖州饭小厨”的菜品平均价格。
（25）查询 dish 表中各餐馆的菜品总数。
（26）查询 3 个以上菜品都来自同一个餐厅的菜品信息。
（27）查询 dish 表中同一餐厅的菜品名称。
（28）查询菜品的名称、价格、餐馆信息。
（29）查询菜品中包含羊肉的菜品的名称、价格、餐馆信息。
（30）查询菜品名称和所属餐馆的信息。
（31）查询下单的菜品的订单信息和菜品信息（使用左外链接查询）。
（32）查询下单的菜品的订单信息和菜品信息（使用右外链接查询）。
（33）查询 dish 表中单价超过平均单价的菜品信息。
（34）查询所有菜品单价大于 30 元的餐馆信息。
（35）查询有没有下单购买“豉汁煎鱼”的用户。

四、实训总结

撰写实训报告，要求操作规范、内容完整、表述科学，注意总结知识点、技能点并详细记录和分析实训结果。

五、实训评价

表 4　实训 4 考核评价标准

项目名称	考核点	考核方式	评价标准			
			优	良	及格	不及格
使用数据查询	简单数据查询、复杂数据查询、分组统计与排序	实训报告	能够正确独立完成本实训	在独立完成本实训的过程中，存在一些错误或未完成的部分	在教师指导下完成本实训的过程中，存在较多错误或未完成的部分	未完成本实训

六、思考题

1. 简述“where”子句与“having”子句的区别。
2. 简述连接查询和子查询的运行机制。

实训 5

使用数据视图

一、实训目的

（1）掌握视图的功能和作用。
（2）掌握视图的创建和管理方法。

二、实训设备

硬件环境：计算机
软件环境：Windows 操作系统、MySQL 数据库软件

三、实训内容

使用外卖订单系统（takeawayorders）数据库完成以下操作：

（1）创建视图 v_view1，查询菜品 id、菜品名字、单价和餐馆地址。

（2）创建视图 v_view2，查询订单 id、菜品名字、单价和数量。

（3）创建视图 v_view3，查询“孙权”的订单 id、菜品名字、单价和数量。

（4）查询视图 v_view2，查询订单数量大于等于 2 的订单。

（5）查询视图 v_view1，查询餐馆地址为“究州饭小厨”的信息。

（6）修改视图 v_view3，查询“刘备”的订单 id、菜品名字、单价、数量和餐馆地址。

（7）修改视图 v_view1，查询餐馆地址为“豫州饭局”的菜品 id、菜品名字、单价和餐馆地址。

（8）删除 v_view1，v_view2，v_view3 视图。

四、实训总结

撰写实训报告，要求操作规范、内容完整、表述科学，注意总结知识点、技能点并详细记录和分析实训结果。

五、实训评价

表5　实训5考核评价标准

项目名称	考核点	考核方式	评价标准			
			优	良	及格	不及格
使用数据视图	创建和管理视图	实训报告	能够正确独立完成本实训	在独立完成本实训的过程中，存在一些错误或未完成的部分	在教师指导下完成本实训的过程中，存在较多错误或未完成的部分	未完成本实训

六、思考题

1. 简述在使用视图修改数据时需要注意的要点。
2. 简述通过视图修改表中数据时需要具备的条件。

实训 6

使用索引和建立数据完整性约束

一、实训目的

（1）掌握 MySQL 数据库中索引的基本操作。

（2）学会使用 SQL 语句创建主键约束、替代键约束和外键约束。

二、实训设备

硬件环境：计算机

软件环境：Windows 操作系统、MySQL 数据库软件

三、实训内容

使用外卖订单系统（takeawayorders）数据库完成以下操作：

（1）创建 dish 表，设置 dishID 自增和主键约束。

（2）创建 restaurant 表，设置 r_ID 自增和主键约束。

（3）创建 user 表，设置 userID 自增和主键约束，设置 pwd 非空约束。

（4）创建 orders 表，在 userID 字段上创建索引 fkuser，设置外键约束 user 表的 userID 字段。

（5）创建 orderdetail 表，设置 odID 自增和主键约束，在 orderID 字段上创建索引 fkorderid2，设置外键约束 orders 表的 orderID 字段，在 dishID 字段上创建索引 fkdishid2，设置外键约束 dish 表的 dishID 字段。

（6）显示各表中的索引。

四、实训总结

撰写实训报告，要求操作规范、内容完整、表述科学，注意总结知识点、技能点并

详细记录和分析实训结果。

五、实训评价

表 6　实训 6 考核评价标准

项目名称	考核点	考核方式	评价标准			
			优	良	及格	不及格
使用索引和建立数据完整性约束	创建、管理索引，建立数据完整性约束	实训报告	能够正确独立完成本实训	在独立完成本实训的过程中，存在一些错误或未完成的部分	在教师指导下完成本实训的过程中，存在较多错误或未完成的部分	未完成本实训

六、思考题

1. 简述索引文件是如何加快查找速度的。
2. 简述 MySQL 数据完整性约束的种类，以及其如何实现。

实训 7

数据库编程

一、实训目的

（1）掌握存储过程的功能和作用。
（2）掌握触发器的功能和作用。
（3）掌握存储函数的使用方法。

二、实训设备

硬件环境：计算机
软件环境：Windows 操作系统、MySQL 数据库软件

三、实训内容

使用外卖订单系统（takeawayorders）数据库完成以下操作：
（1）创建存储过程，查询 user 表中所有信息。
（2）创建存储过程，根据 id 查询 user 表中用户的所有信息。
（3）创建存储过程，输出 orders 表订单的最大金额。
（4）创建存储过程，根据 id 查询 user 表中用户的姓名。
（5）创建触发器，删除订单表中 id 为 10 的订单前，删除订单详情表中的相关信息。
（6）创建触发器，在 restaurant 表中添加 1 个饭店信息前，在 dish 表中插入 1 条菜品信息。
（7）创建存储函数，查询 user 表中的用户个数。
（8）创建存储函数，查询 orders 订单的平均金额。

四、实训总结

撰写实训报告，要求操作规范、内容完整、表述科学，注意总结知识点、技能点并详细记录和分析实训结果。

五、实训评价

表 7　实训 7 考核评价标准

项目名称	考核点	考核方式	评价标准			
			优	良	及格	不及格
数据库编程	存储过程、存储函数、触发器	实训报告	能够正确独立完成本实训	在独立完成本实训的过程中，存在一些错误或未完成的部分	在教师指导下完成本实训的过程中，存在较多错误或未完成的部分	未完成本实训

六、思考题

1. 简述存储函数的语法格式及其与存储过程的区别。
2. 举例说明触发器的作用及其执行过程。

实训 8

数据库安全

一、实训目的

（1）掌握创建和管理数据库用户的方法。
（2）掌握权限的授予与收回的方法。
（3）掌握数据库备份与恢复的方法。

二、实训设备

硬件环境：计算机
软件环境：Windows 操作系统、MySQL 数据库软件

三、实训内容

使用外卖订单系统（takeawayorders）数据库完成以下操作：
（1）查询数据库所有用户信息。
（2）创建用户 lisi 和 wangwu，密码均为 123456。
（3）修改用户 lisi 的密码为 sasa。
（4）删除用户 lisi。
（5）指定 wangwu 用户账号的密码永不过期。
（6）指定用户 wangwu 账号使用默认的密码过期全局策略。
（7）指定用户 wangwu 的密码 30 天过期。
（8）锁定用户 wangwu，即不允许指定的用户账号登录。
（9）备份数据库 takeawayorders。
（10）删除数据库 takeawayorders 并还原备份，查询还原后的数据库中的 user 表。

四、实训总结

撰写实训报告，要求操作规范、内容完整、表述科学，注意总结知识点、技能点并详细记录和分析实训结果。

五、实训评价

表 8　实训 8 考核评价标准

项目名称	考核点	考核方式	评价标准			
			优	良	及格	不及格
数据库安全	用户管理、备份和还原数据库	实训报告	能够正确独立完成本实训	在独立完成本实训的过程中，存在一些错误或未完成的部分	在教师指导下完成本实训的过程中，存在较多错误或未完成的部分	未完成本实训

六、思考题

1. 简述 MySQL 确保数据安全的方法。
2. 设计备份策略的指导思想是什么？主要考虑哪些因素？

附录 A

工作手册数据库表结构

表 A-1 dish 表

字段	类型	是否非空	约束和索引	备注
dishID	INT(11)	是	自增、主键	菜品 id
dName	VARCHAR(50)	否		菜品名字
unitPrice	DECIMAL(6,2)	否		单价
r_ID	INT(11)	否	普通索引、外键	餐馆 id

表 A-2 orders 表

字段	类型	是否非空	约束和索引	备注
orderID	INT(11)	是	自增、主键	订单 id
userID	INT(10)	否	普通索引、外键	用户 id
amount	DECIMAL(8,2)	否		总额
orderTime	DATETIME	否		订单日期
deliveryTime	DATETIME	否		交货时间

表 A-3 orderdetail 表

字段	类型	是否非空	约束和索引	备注
odID	INT(11)	是	自增、主键	订单详细信息 id
orderID	INT(11)	否	普通索引、外键	订单 id
dishID	INT(11)	否	普通索引、外键	菜品 id
quantity	INT(11)	否		数量
orderStatus	VARCHAR(20)	否		订单状态

表 A-4 restaurant 表

字段	类型	是否非空	约束和索引	备注
r_ID	INT(11)	是	自增、主键	餐馆 id
rName	VARCHAR(50)	否		餐馆名字
site	VARCHAR(50)	否		地点

表 A－5　user 表

字段	类型	是否非空	约束和索引	备注
userID	INT(10)	是	自增、主键	用户 id
name	VARCHAR(20)	否		姓名
pwd	VARCHAR(20)	否		密码
tel	VARCHAR(20)	否		电话
address	VARCHAR(50)	否		地址

附录 B

实训报告样例

<table>
<tr><td colspan="8">《数据库应用实战教程（MySQL 版）》实训报告</td></tr>
<tr><td colspan="3">项目名称</td><td colspan="5"></td></tr>
<tr><td>专业</td><td></td><td>班级</td><td></td><td>学号</td><td></td><td>姓名</td><td></td></tr>
<tr><td>实训
日期</td><td></td><td>教师
姓名</td><td></td><td>成绩</td><td colspan="3"></td></tr>
<tr><td colspan="8">一、实训目的

二、实训设备

三、实训过程

四、实训结果

五、实训总结</td></tr>
</table>